すいすい Illustrator レッスン

1日少しずつはじめて
プロの技術を身に付ける！

瀧上 園枝 [著]

マイナビ

本書のサポートサイト

本書のサンプルファイル、特典PDF、補足情報、訂正情報を掲載してあります。

https://book.mynavi.jp/supportsite/detail/9784839978495.html

- 本書は Adobe Illustrator 2022 を使用して解説しています。
  他のバージョンを使用している場合は、操作画面や操作が本書の解説と異なる場合がございます。ご了承ください。また、本書は MacとWindowsの両OSにて検証を行っておりますが、書籍内での解説や画面写真の取得にはMacを使用しています。

- 本書は2022年5月段階での情報に基づいて執筆されています。
  本書に登場する製品やソフトウェア、サービスのバージョン、画面、機能、URL、製品のスペックなどの情報は、すべてその原稿執筆時点でのものです。執筆以降に変更されている可能性がありますので、ご了承ください。

- 本書に記載された内容は、情報の提供のみを目的としております。したがって、本書を用いての運用はすべてお客様自身の責任と判断において行ってください。

- 本書の制作にあたっては正確な記述につとめましたが、著者や出版社のいずれも、本書の内容に関してなんらかの保証をするものではなく、内容に関するいかなる運用結果についてもいっさいの責任を負いません。あらかじめご了承ください。

- 本書中の会社名や商品名は、該当する各社の商標または登録商標です。

- Adobe、Illustratorは、Adobe Systems Incorporated（アドビシステムズ社）の米国およびその他の国における商標または登録商標です。

- そのほか、本書中の会社名や商品名は、該当する各社の商標または登録商標です。本書中では™および®マークは省略させていただいております。

はじめに

初めてAdobe Illustratorを使ったとき、とてもシンプルで使いやすいと思いました。描画用の画面はカラー表示できずペンツールの習得には戸惑ったものの、すべての機能をマスターするまでにそれほど時間はかかりませんでした。それから月日がかなり経過した現在のIllustratorは、あの頃には想像もできなかった多くの機能が追加され、さまざまな業務に活用することができる万能のグラフィックツールに進化しました。より使いやすくなった反面、機能が多い分覚えることも多くなり、なかなか「手を出しにくい」ツールになってしまった印象も受けます。

この本は、Illustratorにそういった意識を持っている方へ、簡単なところから操作を覚えていただきたいと思って書きました。本書では残念ながらIllustratorのすべての機能を網羅して解説することはできませんでしたが、Illustratorの「取っつきやすいところ」、言わば「美味しいところ」をちょっと味見していただくことはできると思います。Illustratorを使ってみたいけどどこから始めようか……と思っている方へ、本書が最初の一歩になってくれることを願っています。

2022年5月　瀧上 園枝

もくじ

初級
BEGINNER

中級
INTERMEDIATE

上級
ADVANCED

● 特典PDFについて

本書に掲載できなかった機能の解説を「補講」として特典PDFで用意しています。サポートサイトからダウンロードできますので、ぜひご活用ください。

https://book.mynavi.jp/supportsite/detail/9784839978495.html

本書の読み方

本書はIllustratorの機能と使い方を、主に課題を制作しながら身に付けていく解説書です。Illustratorを使いこなすために必要な知識を10のLEVELに分け、それぞれのLEVELで覚えるべきIllustratorの機能を課題と操作手順付きで紹介しています。

本書の基本構成

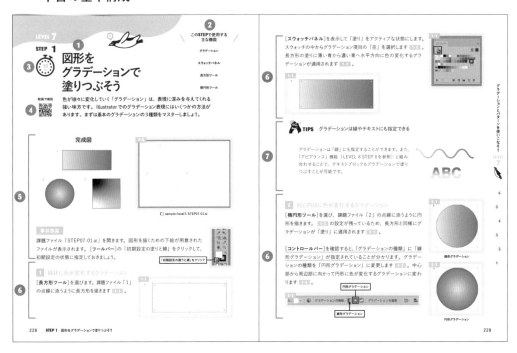

① このSTEPで解説するテーマを表示しています

② このSTEPで使用する主な機能やパネルを表示しています

③ このSTEPの課題を完了するまでの目安時間を表示しています

④ 操作動画がある場合、QRコードを掲載しています。手順の流れなどを確認したり、操作のわからない部分を確認するのに便利です

⑤ 課題の完成図と使用する素材を表示しています

⑥ 課題の完成まで、使用するツールや操作を手順ごとにていねいに解説しています

⑦ 操作の豆知識や、知っておくと便利な機能をTIPSやコラム形式で表示しています

TEST課題

LEVEL 1〜LEVEL 8の巻末には、そのLEVELで学んだことが一通り復習できるTEST課題が用意されています。各STEPにある課題に比べてより実践的で難易度が少しアップしますが、STEPごとの操作を見直しながらTEST課題に取り組み、着実に知識を身に付けていきましょう。

制作の手順の代わりに、ヒントを掲載しています。ヒントを確認してもわからない場合は、前のSTEPの操作手順を参考にしたり、操作動画を確認しながら制作をすすめましょう。

ツールとツールバー

Illustratorをはじめて触った方にありがちなのが、使用するツールの場所がわからず、探すのに時間がかかってしまうことです。本書では、初級（LEVEL1〜4）の間は、各STEPではじめて使用するツールは基本的にツールバーの画像とあわせて紹介しています（LEVELがすすむにつれ、使用頻度が高い［選択ツール］や［長方形ツール］などは、アイコンのみ表示している箇所もあります）。初級で課題を作りながらツールを使用していくうちに、ツールバーのどの部分を操作するか覚えていくと、操作が楽になります。

Illustrator上部メニューとパネル

また、Illustratorの画面上部に表示されている「ファイル」や「オブジェクト」「効果」「ウィンドウ」などを指すときは、それぞれ［ファイル］メニュー、［オブジェクト］メニューのように、末尾にメニューを付けて称します。

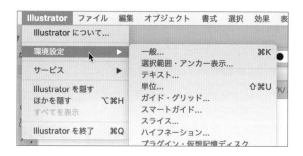

［カラーパネル］や［スウォッチパネル］のようなパネルを使用する際は、基本的には［ウィンドウ］メニューから選択して表示します（19ページ、94ページを参照）。

本書のサンプルファイルについて

課題に必要な素材はすべてダウンロードできるので（一部の課題でAdobe Fontsを使用します）、Illustratorを使える環境さえあれば、本書を手にしたその日からすぐに学習をはじめられます。

サンプルファイルは下記、サポートサイトからダウンロードできます
https://book.mynavi.jp/supportsite/detail/9784839978495.html

注意事項

本書のサンプルファイルは、本書の読者がIllustratorの操作と機能を理解することを目的として作成されています。したがって、サンプルファイルの譲渡・配布・販売に該当する行為や著作権を侵害する行為については禁止されています。

サーバーにアップロードして配布する行為も禁止されています。また、加工を施した状態であっても、無断販売、および二次配布をかたく禁じます。

本書に記載されている内容やサンプルファイルの使用によって、いかなる損害が生じても、株式会社マイナビ出版および著者は一切の責任を負いません。

LEVEL
1

Illustratorの基本知識を
身に付けよう

LEVEL 1ではまず、Illustratorを使ってどんなこと
ができるのかを紹介しています。Illustratorの画
面構成や、使いやすくするための環境設定につい
ても説明しているので、何からはじめたらいいか
わからないという人でも大丈夫。
ゆっくりレベルアップしていきましょう。

Illustratorで何ができるの？

実際に操作をマスターする前にIllustratorでどのようなものが作れるのか、何ができるのかを確認しておきましょう。Illustratorを使えば目的に合わせてさまざまなグラフィックを制作することができます。

■ イラストや図版（パーツ）を描ける

ポスターやパンフレット・Webサイトなどに掲載するためのイラストや地図、案内図など、さまざまな図版（パーツ）を描くことができます。かっちりとした図版から柔らかいタッチのイラスト、さらに本格的な3Dソフトで描いたような立体的な表現など、多彩なグラフィックを制作できます。

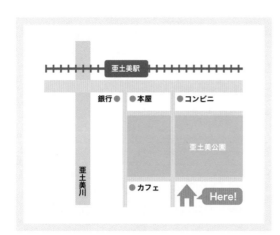

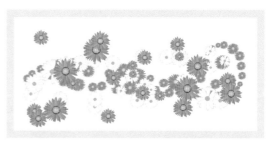

このような地図やイラストを制作できます。本格的な3Dソフトを使用したような立体物も表現することができます。

■ ロゴタイプ・マークをデザインできる

文字を主体にデザインするロゴタイプやマークの制作もIllustratorで行えます。線(Illustratorでは「パス」と呼んでいます)を基準にさまざまな図形を描いていくIllustratorにおいては、もっとも制作しやすい対象と言えるでしょう。

タイトル文字やロゴ、マークなどの記号のデザインも、Illustratorで制作することができます。

■ 印刷物をデザインできる

ショップカードやクリスマスカード、リーフレットやパンフレット・ポスター、書籍の表紙やCDジャケットなど、さまざまな商業ツールを印刷するためのデータもIllustratorでデザインできます。作成したデータを印刷用のデータとして保存し、印刷所に入稿して印刷物を制作してもらいます。

ショップカードやクリスマスカードをデザインすることができます。

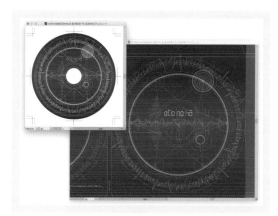

CDジャケットやインナー、ディスク盤面のデザインデータもIllustratorで制作できます。

■ インターネットのコンテンツをデザインできる

バナーやSNSのカバー画像など、ネット関連のビジュアルコンテンツの制作もIllustratorで行えます。Webサイト自体をデザインすることも可能です。IllustratorでHTMLデータを直接記述することはできませんが、ページに掲載するためのデータとしてグラフィックを書き出したり、Webページ全体のデザインをIllustratorで行うことができます。

バナーやSNSのカバーイメージなど、インターネットで使用するためのさまざまなグラフィックを制作することができます。

WebサイトのページレイアウトもIllustratorで行えます。ページの完成イメージとしてIllustratorで全体をデザインし、このイメージに合わせてコーディングを行います。

LEVEL 1

STEP 2

Illustratorの画面構成

Illustratorの基本的な画面構成や各部の名称・操作方法もマスターしておきましょう。機能が充実している分、さまざまな［ツール］や［パネル］が用意されています。

このSTEPで使用する
主な機能

新規ファイル

画面構成

ツールバー

パネル操作

ウィンドウ表示

■ 起動時に表示される「ホーム画面」

Illustratorを起動すると、最初に「ホーム画面」が表示されます。新規ファイルを作成する、既存のファイルを開く、またはさまざまな学習コンテンツを利用するなど、目的に合わせてメニューを選択しましょう。「ホーム画面」はドキュメントを何も開いていないときに表示されます。

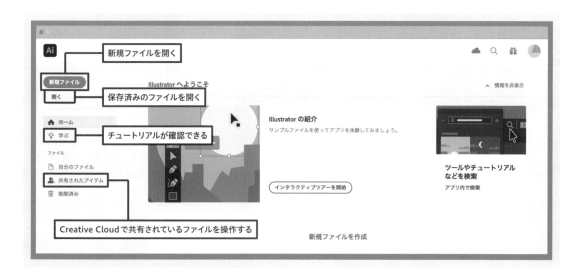

新規ファイルを作成したいときは「新規ファイル」ボタンをクリックします。保存してあるファイルを開くときは「開く」ボタンをクリックし、続いて表示されるダイアログから開きたいファイルを選択します。
「学ぶ」ボタンをクリックすると、用意されているチュートリアルを確認することができます。［ファイル］メニュー内のボタンを使うと、Creative Cloudで共有されているファイルを操作することができます。

Illustratorの基本知識を身に付けよう

LEVEL
1

015

1 「新規ファイル」を作成する

「ホーム画面」で「新規ファイル」ボタンをクリックすると、新規ドキュメントを作成するためのダイアログが表示されます。制作したい内容に合わせて上部のカテゴリから項目をクリックして選択すると、ウィンドウ内に表示されるプリセットが変わります。

ダイアログ右側の詳細設定項目で「幅」「高さ」「方向」などを変更することで、プリセットをカスタマイズして好みの設定で新規ドキュメントを作成することができます。ここでは試しに「Web」の共通項目を選び、「作成」ボタンをクリックしてみました。

「Web」を選択すると、Webページの画面サイズに合わせた「空のドキュメントプリセット」及び「テンプレート」が表示されます。

 **TIPS** プリセットって何?

印刷物ならA4サイズやポストカードサイズ、モバイルならiPhone XやiPad proなど、あらかじめ目的別にアートボードの幅や高さ、ラスタライズ効果などを設定しているファイルが「プリセット」です。Illustratorでは使用頻度の高い項目が制作目的ごとに「プリセット」として用意されています。アートボードのサイズなどを数値で入力するより、プリセットを利用したほうが効率よく作業をすすめることができます。

「新規ファイル」を作成すると表示される画面が「ワークスペース」です。描画するためのドキュメントウィンドウや各種パネルが表示されています。

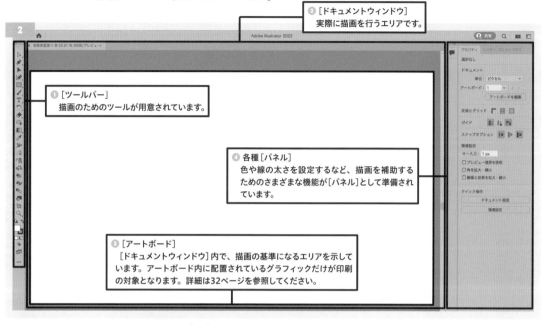

この図は、「アプリケーションフレーム」がチェックされている状態です。

 **TIPS**　アプリケーションフレーム

MacでIllustratorを使用するとき、初期設定の状態では、ドキュメントウィンドウや各種パネルなどはすべて［アプリケーションフレーム］と呼ばれる1つのウィンドウ内に収まっています。このウィンドウを外して自由にパネルなどを配置したいときは、［ウィンドウ］メニュー →［アプリケーションフレーム］項目のチェックを外しておきます。

ワークスペースの画面（「アプリケーションフレーム」がオフの状態）

Illustratorの基本知識を身に付けよう

LEVEL
1

017

図形を描画したりさまざまなアレンジを加えることが可能なツールは［**ツールバー**］に用意されています。［**ツールバー**］内のアイコンをクリックしてツールを選択し、ドキュメントウィンドウ内をドラッグやクリックしてグラフィックを描画します。

クリック

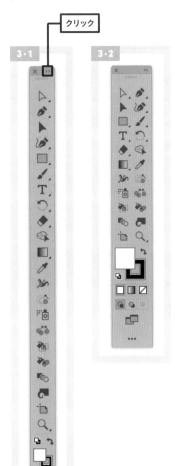

［**ツールバー**］は、初期設定では1列で表示されています **3・1**。上部右端の ≫ アイコンをクリックすると、2列表示に切り替わります **3・2**。

［**ツールバー**］は初期設定では「基本」の22ツールが表示されています。［**ウィンドウ**］メニュー→［**ツールバー**］→［**詳細**］ **3・3** をクリックして表示を切り替えると、「詳細」の28ツールの表示に切り替わります **3・4**。

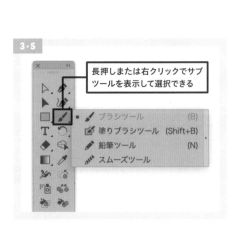

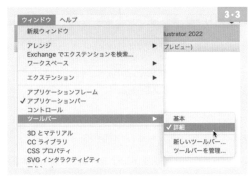

作例をスムーズに作るため、「詳細」の28ツールに表示を切り替えておきましょう。

長押しまたは右クリックでサブツールを表示して選択できる

ブラシツール	(B)
塗りブラシツール	(Shift+B)
鉛筆ツール	(N)
スムーズツール	

［**ツールバー**］の機能のうち、ツールアイコンの右下に小さな ◣ マークが表示されているツールには、サブツールが格納されています。ツールアイコンを長押し、または右クリックするとサブツールが表示され、隠れていたツールを選択できます **3・5**。

TIPS サブツールを常駐させる

サブツールエリアの右端に表示されているバーの ▶ をクリックすると、
サブツールを独立した［ツールバー］として常駐させることができます。

4 ［パネル］を操作する

図形に適用する色を選択したり、線の太さを調整するなど、描画に関する詳細な設定は各種パネ
ルで行います。

各種パネル類は、［**ウィンドウ**］メニューのプルダウンで
「表示／非表示」を切り替えられます。項目の先頭に
チェックマークが表示されているパネルは、現在ワークス
ペース内に表示されています **4・1** 。

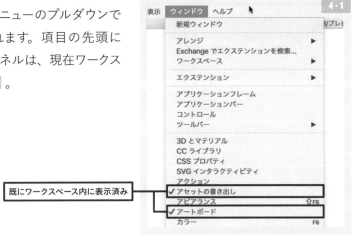

既にワークスペース内に表示済み

一部のパネルは、初期設定ではオプション項目が表示されていません。パネル右上の ≡ アイコン
をクリックして表示されるパネルメニューで「オプションを表示」を選択すると **4・2** 、表示を切り
替えることができます **4・3** 。

Illustratorの基本知識を身に付けよう

LEVEL
1

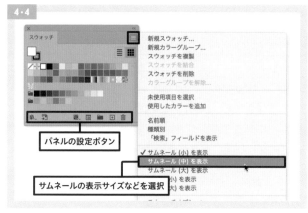

パネルメニューの設定で、サムネール表示のサイズなどを調整することができるパネルもあります  4・4 。

またパネルメニューのほか、パネルの下部にもいろいろな設定が可能なボタンが用意されている場合もあります。

4・6

4・5

4・5 のように上部のパネル名のタブをドラッグして、別のパネル上にドロップすることで、パネル同士をドッキングさせることもできます 4・6 。複数のパネルを同位置に表示しておけるため、ワークスペースを効率よく利用することができます。

5 ウィンドウ表示を拡大／縮小・移動する

ドキュメントウィンドウ内では、表示を拡大・縮小したり、表示エリアを移動させながら描画作業をすすめます。描きやすい表示になるように調整するためのツールは主に2種類用意されています。

[**ツールバー**]から[**手のひらツール**]を選択して 5・1 、ドキュメントウィンドウ内をドラッグすると、表示エリアを移動させることができます 5・2 。描きたい位置が作業しやすい場所に表示されるよう、ドラッグで調整しながら描画作業を行います。

[**ツールバー**]から[**ズームツール**]を選択して 5・1 画面上をクリックすると、表示を拡大することができます。option(Win：Alt)キーを押しながらクリックすると、表示が縮小されます。

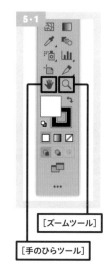

[ズームツール]

[手のひらツール]

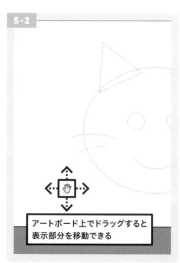

アートボード上でドラッグすると表示部分を移動できる

STEP **3**

ベクターイメージと ラスターイメージの 違いをマスターしよう

パソコンで扱うグラフィックデータは、「ベクターイメージ」と「ラスターイメージ」 の2種類に大別されます。グラフィックを制作する際には、この違いを意識して おく必要があります。それぞれのデータの特徴を覚えておきましょう。

■「線」で構成されるベクターイメージ

グラフィックを「線」で構成している のがベクターイメージです。長方形 や円などの図形を、「線」が境界と なる1つの単位として扱いながら、グ ラフィックを構成しています。

図形単位でのグラフィック構成とな るため、図形の前後関係が生じるこ とが特徴の1つです。

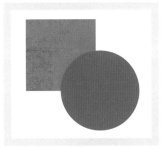 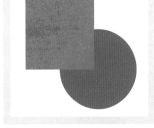

図形としてグラフィックを扱うことから、要素の「前後関係」があります。

また数的な情報としてデータを保持している ため、拡大・縮小したり、回転するなどの変 形を加えても、データが劣化しないという利点 があります。

「線」の情報を保持しているため、リサイズするなど変形しても外観が劣化しません。

■「点」で構成されるラスターイメージ

グラフィックを「点（ピクセル）」の集まりとして構成しているのがラスターイメージです。初期のコン ピュータゲームなど「ピクセルアート」と呼ばれるグラフィックをイメージするとわかりやすいかもし

れません。ドットとも呼ばれる細かなピクセルの集合で1つのグラフィックが構成され、ピクセルの数が多い(解像度が高い)と点を感じさせないような滑らかな仕上がりになります。拡大・縮小するなど変形を行うと、ピクセルが崩れて外観が劣化する場合があります。

ピクセルの集合でグラフィックが構成されているのがラスターイメージです。

変形・回転などを行うと、輪郭が滲むなど劣化する場合があります。

■ Illustratorで扱うラスターイメージ

Illustratorでは、基本的にベクターイメージデータを描画しています。Illustratorの[**長方形ツール**]や[**ペンツール**]などで描くグラフィックは、ベクターイメージです。ラスターイメージのようにピクセル単位でグラフィックを描くことはできません。

ただし、Illustratorでラスターイメージを取り扱うことも可能です。写真画像やAdobe Photoshopなどのソフトで描いたラスターイメージをIllustratorで開いたり、Illustratorで描いたベクターイメージをラスターイメージに変換することもできます。

写真画像などのラスターイメージをIllustratorで開くと、画像の周囲が境界線で囲まれた状態になり、全体が1つのベクターの図形として取り扱われるようになります。

Illustrator上でピクセル単位で画像を編集することはできませんが、画像全体を変形したり(上図)、トレースしてベクターイメージに変換する(下図)などの編集が可能です。

LEVEL 1

STEP 4

⏱ 10分

RGBカラーと CMYKカラーの 違いをマスターしよう

このSTEPで使用する
主な機能

カラーモード

RGB

CMYK

Illustratorでは、RGBカラーとCMYKカラーという2種類のカラーモードを扱うことができます。カラーモードは最終的に使用する媒体に合わせて決めるのが一般的です。それぞれのカラーモードの違いをマスターしておきましょう。

■ RGBカラーの特徴

R(レッド)・G(グリーン)・B(ブルー)の3色を基準に、さまざまな色を表現しているのがRGBカラーモードです。それぞれの色を混合する割合を変えることで異なる色に見えるしくみになっています。3色すべてを100%で混合すると白になることから「加法混色」、使用される3色は「光の3原色」とも呼ばれます。パソコンのモニターやスマートフォンの液晶画面でのカラー表示は、このRGBカラーを元にしています。
Webサイトや各種動画などで表示することを目的としたグラフィックは、RGBカラーで制作します。

■ CMYKカラーの特徴

C(シアン)・M(マゼンタ)・Y(イエロー)の3色に補助的にK(ブラック)を加えた4色でさまざまな色を表現しているのがCMYKカラーモードです。印刷を前提としたカラーモードで、それぞれの色のインクを重ね合わせる割合を変えることでさまざまな色を表現しています。CMYの3色すべてを100%で混合すると理論上は黒になることから「減法混色」、使用される3色は「色の3原色」とも呼ばれます。実際の印刷用インクでは3色ではくっきりとした黒を表現することが難しいため、黒色のインクが使用されます。ポストカードやリーフレット、ポスターなど印刷することを目的としたグラフィックは、CMYKカラーで制作します。

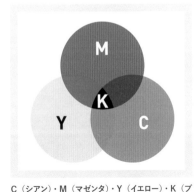

R(レッド)・G(グリーン)・B(ブルー)の3色を混合することでさまざまな色を表現するのがRGBカラーモードです。3色すべてを100%で混合すると白になります。

C(シアン)・M(マゼンタ)・Y(イエロー)・K(ブラック)の4色を混合することでさまざまな色を表現するのがCMYKカラーモードです。CMYの3色すべてを100%で混合すると理論上は黒になります。

Illustratorの基本知識を身に付けよう

LEVEL 1

023

■ Illustrator でのカラーモードの利用

Illustratorでは1つのドキュメントでは1つのカラーモードに限定され、同一ドキュメント内に異なるカラーモードのグラフィックをレイアウトすることはできません。「新規ファイル」を作成するときの[**新規ドキュメントダイアログ**]で、プリセットカテゴリの「モバイル」「Web」「フィルムとビデオ」「アートとイラスト」を選択するとRGBカラーモード、「印刷」を選択するとCMYKカラーモードに自動的に設定されます。

開いているドキュメントのカラーモードは、ドキュメントウィンドウ上部で確認できます。ファイル名と表示倍率の後に（RGB/プレビュー）と表示されていればRGBカラー、（CMYK/プレビュー）と表示されていればCMYKカラーのドキュメントになります。

［新規ドキュメントダイアログ］の右側のエリアの「カラーモード」プルダウンメニューで、ドキュメントのカラーモードを指定することができます。

カラーモードは制作途中でも変更できる

ドキュメントのカラーモードは、自由に変更することが可能です。[**ファイル**]メニュー→[**ドキュメントのカラーモード**]→[**CMYKカラー**（またはRGBカラー）]で切り替えたいカラーモード名を選択すると、選択したカラーモードに設定できます。チェックマークが表示されている方が現在のカラーモードです。

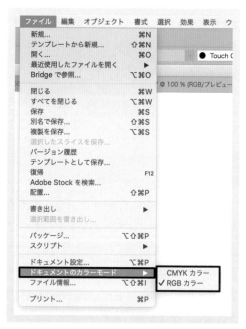

RGBカラーで制作されているドキュメントをCMYKに変更する

また、グラフィックの色を設定する[**カラーパネル**]も、パネルメニューでカラーの設定方法を
「RGB」から「CMYK」（または「CMYK」から「RGB」）に切り替えることができます。ドキュメントのカ
ラーモードに合わせた設定で指定を行いましょう。

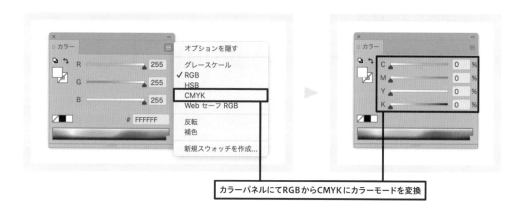

カラーパネルにてRGBからCMYKにカラーモードを変換

TIPS ［カラーパネル］の設定はドキュメントのカラーモードに合わせる

ドキュメントのカラーモードと異なるカラー設定でも［カラーパネル］から色を指定すること
は可能ですが、ドキュメント自体のカラーモードは変更されません。このため適用された色
はドキュメントのカラーモードに合わせた数値に自動的に変換されてしまいます。特に、印
刷用のCMYKカラーモードのドキュメントにRGBカラーで色を指定すると、黒（K100%）
が異なる色で表示されてしまうなど予想外の外観になってしまう場合があります。ドキュメン
トのカラーモードと指定する色が合致するように注意しましょう。

LEVEL 1

STEP 5

環境設定で
作業しやすい画面にしよう

このSTEPで使用する
主な機能

環境設定ダイアログ

ユーザーインターフェイスの色やドキュメントファイルのタブの扱いなどの
作業環境は、[環境設定ダイアログ]で設定します。効率よく作業できる
設定にするために、「環境設定」でできることをマスターしておきましょう。

■[環境設定]メニューの構成

画面上部にある[Illustrator]メニュー（Windows
の場合は[編集]メニュー）を選択し、[環境設定]メ
ニューのサブメニューから設定したい項目を選んで、
[環境設定ダイアログ]を表示します 1 。い
ずれかの項目を選択すると以下のように[環境設
定ダイアログ]が表示されます。

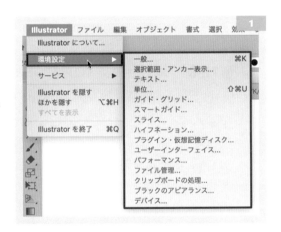

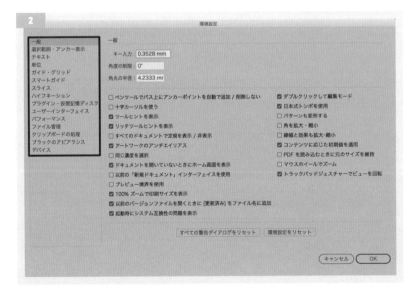

[環境設定ダイアログ]
内でも、左エリアの項目
をクリックすることで、
設定内容を切り替えるこ
とができます 2 。
「一般」「選択範囲・アン
カー表示」「テキスト」
「単位」など15項目が用
意されています。

■ それぞれの項目での主な設定内容

「一般」設定画面

「一般」では、Illustratorの操作に関する総合的な設定を行えます 。

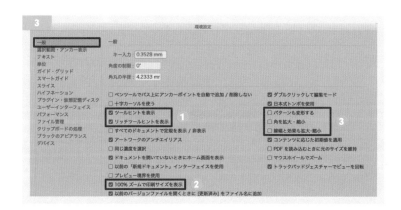

「ツールヒントを表示」「リッチツールヒントを表示」の項目をチェックしておくと（❶）、［ツールバー］でアイコンにカーソルを合わせたときにそのツールの名称や利用方法のガイドがポップアップで表示されます　4　。ツールごとの役割などがわかりやすいように、Illustratorの操作に慣れるまでは表示するように設定しておくことをお勧めします。

「100%ズームで印刷サイズを表示」（❷）は、画面表示が印刷時と同サイズで表示される設定です。印刷物をデザインする際には、チェックしておくとよいでしょう。

「パターンも変形する」「角を拡大・縮小」「線幅と効果も拡大・縮小」の3つの項目（❸）は、作業内容に合わせて切り替えて利用します。詳しくは192ページを参照してください。

「選択範囲・アンカー表示」設定画面

「選択範囲・アンカー表示」では、図形を選択するときの表示などを設定します　5　。
図形のアンカーポイント（37ページ参照）のサイズが初期設定の状態では小さいと感じる場合は、「サイズ」スライドバーを操作して大きめに調整しておきます　6　。

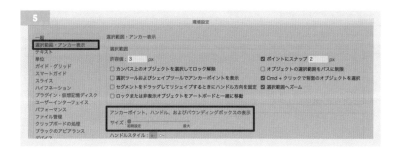
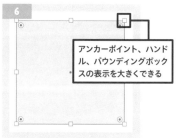

アンカーポイント、ハンドル、バウンディングボックスの表示を大きくできる

「テキスト」設定画面

「テキスト」では文字に関する設定を行います ７ 。「フォントメニュー内のフォントプレビューを表示」（❶）をチェックしておけば、[**書式**]メニューから[**フォント**]を選び、サブメニューを表示した際、それぞれのフォントの外観でプレビューが確認できます ８ 。

「新規テキストオブジェクトにサンプルテキストを割り付け」（❷）をチェックすると、[**文字ツール**]でドキュメントウィンドウ内をクリックまたはドラッグした際、何も入力しなくてもサンプルテキストが入力された状態になります ９ 。

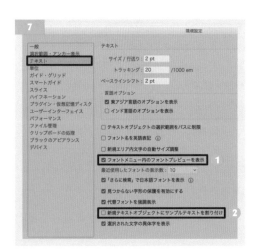

サンプルテキストが自動で入力される

「スマートガイド」設定画面

「スマートガイド」は、描画をより効率よくすすめたいときに便利な「スマートガイド」機能に関する設定項目です １０ 。[**表示**]メニューから[**スマートガイド**]を選択して同メニューにチェックを入れておくと １１ 、アンカーポイントにカーソルを合わせたときや図形をドラッグするときなどにガイドが表示されるようになります １２ 。このガイドの色や表示する条件などを[**環境設定ダイアログ**]の「スマートガイド」で設定します。

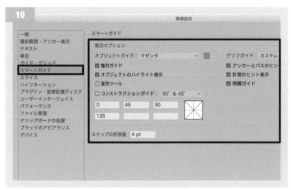

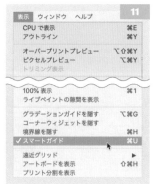

スマートガイド

「ハイフネーション」設定画面

「ハイフネーション」では、段組で単語が途中で改行される際にハイフンを挿入する言語や、例外とする単語を指定します 13 。

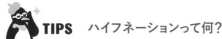
TIPS　ハイフネーションって何?

日本語以外の言語で1つの単語の途中で改行するとき、連続した単語であることを示すハイフンを挿入することをハイフネーションと呼びます。Illustratorでは［段落パネル］(151ページを参照)の「ハイフネーション」オプションをチェックすることで、自動的にハイフンを挿入できます。「環境設定」の「ハイフネーション」では、特定の言語と単語を指定してハイフネーションを入れない「例外」を指定することができます。

チェックを入れる

「AdobeIllustrator」単語を例外設定した。「Illustrator」にはハイフンが挿入されるが「AdobeIllustrator」には挿入されない。

「ユーザーインターフェイス」設定画面

「ユーザーインターフェイス」では、ドキュメントウィンドウや各種パネルの基調カラーや表示サイズなどを設定します 14 。

本書では「やや明るめ」の画面で操作しています

Illustratorの基本知識を身に付けよう

LEVEL
1

「パフォーマンス」設定画面

「パフォーマンス」では、描画処理を
どのように行うかを設定します。
「GPUパフォーマンス」をチェックして
いると、GPU(グラフィックス・プロセッ
シング・ユニット)という画像表示のた
めのプロセッサにより計算が加速さ
れ、表示を高速化できます 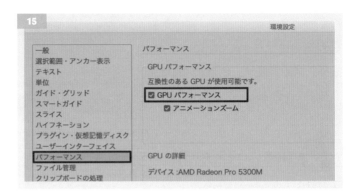 。

「ファイル管理」設定画面

「ファイル管理」は、ファイル保存時の処理などを設定することができます 16 。
「バックグラウンドで保存」をチェックしておくと、長い時間がかかってしまう複雑なファイルの保存
時に、別の作業を行いながらバックグラウンドで保存することができて便利です。また、「Adobe
Fontsを自動アクティベート」をチェックしておけば、自分のPC環境で使用していないAdobe Fonts
が設定されているドキュメントを開いた際に、自動的にフォントがアクティベートされます。フォント
のアクティベートに関しては、134ページを参照してください。

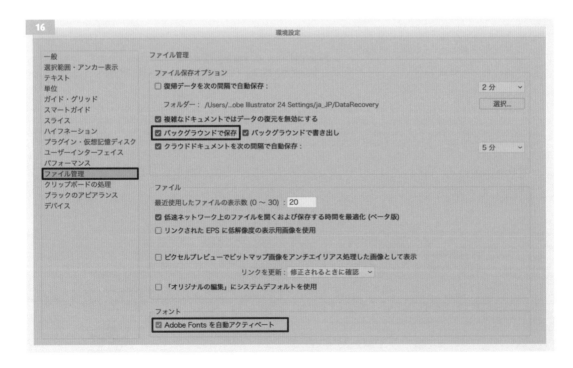

「クリップボードの処理」設定画面

「クリップボードの処理」では、クリップボードにコピーしたデータに関する設定を行います 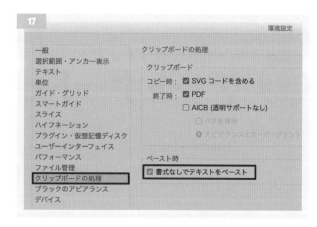。「ペースト時」の「書式なしでテキストをペースト」をチェックすると、Adobe Photoshopなど他のアプリケーションでテキスト要素をコピーした際に、他のアプリケーションで設定していた文字サイズなどの情報は適用せずにテキスト情報をペーストすることができます。

「ブラックのアピアランス」設定画面

「ブラックのアピアランス」は、黒色を指定している図形の外観を設定することができます 18 。特に印刷物のための描画作業を行っているときに使用する項目です。K100%だけが指定されている図形と、K100%以外のインク色CMYなどが混合された図形(リッチブラック)の外観がわかりやすいいように変化させたいときに設定します。

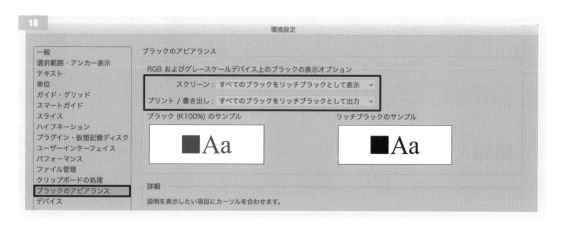

「一般」の
[環境設定をリセット]で
初期状態に戻せます

STEP 6

アートボードって何?

描画を行うドキュメントウィンドウの中で、イラストやデザインの台紙となるエリアが「アートボード」です。アートボードに関する操作方法もマスターしておきましょう。

1 新規ドキュメントでアートボードを作成する

[新規ドキュメントダイアログ]に用意されているドキュメントプリセットは、アートボードのサイズを指定したものです。目的に合わせてプリセットを選択 1・1 すると、そのサイズのアートボードが作成されたドキュメントウィンドウが表示されます 1・2 。

[新規ドキュメントダイアログ]で「アートとイラスト」項目の「ポストカード」を選択して「作成」ボタンをクリックすると、ポストカードサイズのアートボードが作成されました。

また、[新規ドキュメントダイアログ]の右側のエリアの「幅」「高さ」に数値を入力すると、指定したサイズでアートボードが作成されたドキュメントウィンドウが表示されます。

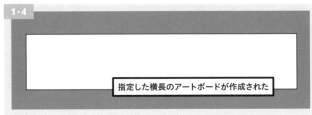

2 ［アートボードツール］でアートボードを操作する

ドキュメントウィンドウ内でのアートボードの操作は、［**アートボードツール**］で行います。［**アートボードツール**］を選択すると 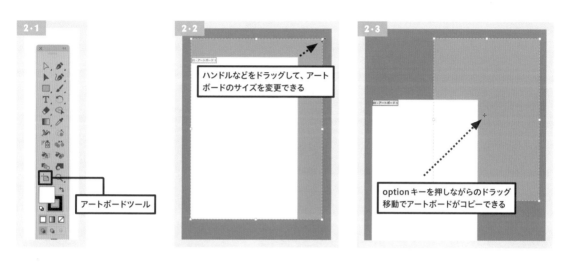 2·1 、アートボードの境界線がドラッグできる状態に変わります。四隅・境界線上のハンドルや境界線自体をドラッグすることで、アートボードのサイズを変更することができます 2·2 。また領域内をドラッグすることで、アートボードを移動することができます。このとき、option(Win：Alt)キーを押しながらドラッグ移動すると、アートボードがコピーされます 2·3 。

［**アートボードツール**］（❶）を選択していると、［**コントロールバー**］（❷）の項目がアートボード編集のための内容に切り替わります 2·4 。「プリセットを選択」プルダウン（❸）で選択すると、アートボードが別のプリセットのサイズに変更されます。

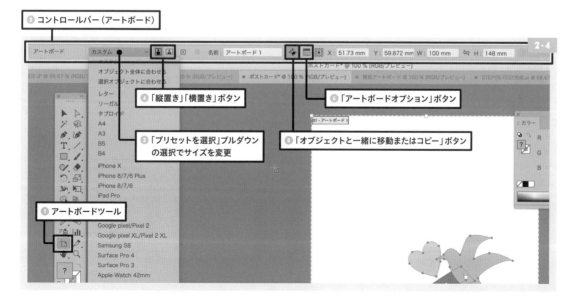

［**コントロールバー**］の「縦置き」「横置き」のボタン（④）をクリックすることで、アートボードの縦横位置を変更することができます  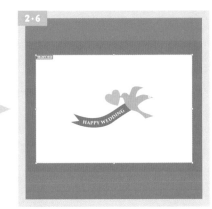。

［**コントロールバー**］の「オブジェクトと一緒に移動またはコピー」ボタン（⑤）をクリックして「オン」の状態にしておくと、アートボードを移動やコピーする際にそのアートボード領域内のグラフィックもアートボードに合わせて移動やコピーされます。
［**コントロールバー**］の「アートボードオプション」ボタン（⑥）をクリックすると、［**アートボードオプションダイアログ**］が表示されます 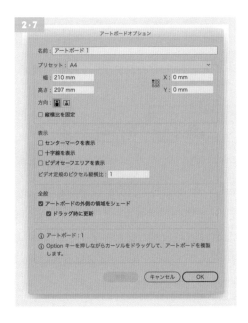。アートボードのサイズや向きなどを総合的に調整することができます。

3 複数のアートボードを操作する

ドキュメントウィンドウ内では、複数のアートボードを設置することも可能です。［**ツールバー**］から［**アートボードツール**］を選択し、ドキュメントウィンドウ内をドラッグすると 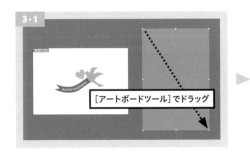、ドラッグした領域に合わせたアートボードを作成することができます 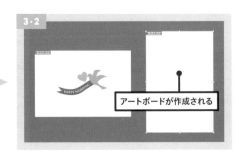。

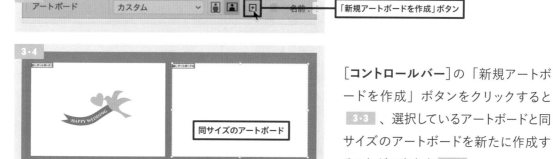

[**コントロールバー**]の「新規アートボードを作成」ボタンをクリックすると 3·3 、選択しているアートボードと同サイズのアートボードを新たに作成することができます 3·4 。

3·3

同サイズのアートボード

4 ［アートボードパネル］を利用する

アートボードは[**ウィンドウ**]メニュー→[**アートボード**]で表示される[**アートボードパネル**]で管理します 4·1 。
それぞれのアートボード項目をドラッグ&ドロップすることで、前後を入れ替えることができます。また、新規アートボードの作成・不要なアートボードの削除などが行えます。

❶ ダブルクリックで最大表示できる

❷ ドラッグで入れ替えが可能

[**アートボードパネル**]で、特定のアートボード項目をダブルクリックすると、ドキュメントウィンドウ内にそのアートボードのエリアが最大表示されます。また、アートボード名の右にある アイコンをクリックすると、 2·7 と同様[**アートボードオプションダイアログ**]が表示されます。

[**アートボードパネル**]左下の「すべてのアートボードを再配置」ボタンをクリックすると 4·2 、複数アートボードのレイアウトを調整するための[**すべてのアートボードを再配置ダイアログ**]が表示されます 4·3 。レイアウトの方向やアートボード同士の間隔などを詳細に設定してレイアウトすることができます。パンフレットなど複数ページの印刷物をレイアウトする場合などに便利な機能です 4·4 。

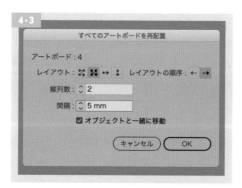

Illustratorの基本知識を身に付けよう

LEVEL
1

COLUMN

仕上がりサイズに囚われずに自由にグラフィックを描画したいときには、アートボードの境界を隠してドキュメントウィンドウ全体を背景が白い描画領域とすることも可能です。[表示] メニュー → [アートボードを隠す] を選択すると、アートボードの境界が非表示の状態になります。

[表示] メニュー → [アートボードを表示] で、再度アートボードが表示される状態に戻ります。

アートボードが表示されている

アートボードが隠されている

STEP 7
20分

Illustratorで描いた
オブジェクトの構成を
マスターしよう

Illustratorで描くグラフィックの一つひとつの単位は「オブジェクト」とも
呼ばれます。オブジェクトの構成や、部分の呼称を覚えておきましょう。

■ オブジェクトの構成

Illustratorで描く円や長方形などの図形は、「オブジェクト」と呼ばれています。それぞれのオブ
ジェクトは、輪郭を示す「パス」とパスの向きや長さをコントロールするための「アンカーポイント」
で構成されています。サンプルを実際に確認しながら読みすすめましょう（📁 sample/level1/01-07.ai）。

パスとアンカーポイント

オブジェクトは、輪郭を示す「パ
ス」とパスをコントロールする「ア
ンカーポイント」で構成されていま
す。パスやアンカーポイントの色
は、そのオブジェクトが属するレイ
ヤーのカラー（42ページ参照）で表
示されます。「アンカーポイント」
は、[ダイレクト選択ツール]（76
ページ参照）でオブジェクトを選択
しているときに、表示されます。

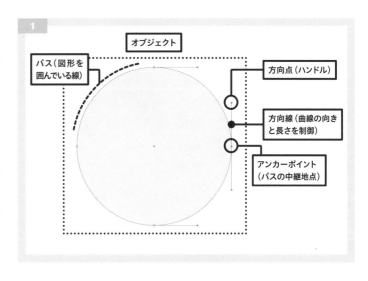

1

オブジェクト

パス（図形を
囲んでいる線）

方向点（ハンドル）

方向線（曲線の向き
と長さを制御）

アンカーポイント
（パスの中継地点）

方向点（ハンドル）と方向線

曲線のパスではアンカーポイントの両側に「方向点（ハンドル）」と「方向線」が表示されます。曲
線の向きや長さは、この方向線で制御します。方向線は方向点をドラッグするか、パス自体をド
ラッグすることで調整します。詳細は166ページを参照してください。「方向点（ハンドル）」や「方向
線」は、[ダイレクト選択ツール]でアンカーポイントやパスを選択しているときに表示されます。

コーナーウィジェット

多角形など、アンカーポイントを挟んだパスが異なる角度で
伸びている図形では、アンカーポイントの近くに二重丸アイコ
ンの「コーナーウィジェット」が表示されます。コーナーウィ
ジェット上をドラッグすると、角を滑らかにアレンジすることが
できます。

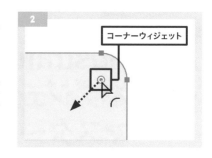

■ オブジェクトの選択

オブジェクトの選択は、[**選択ツール**][**ダイレクト選択ツール**]で行います。詳細は71ページと75
ページを参照してください。オブジェクトのパスやアンカーポイントは、[**ダイレクト選択ツール**]で
そのオブジェクトを選択している状態のときに表示されます。

[**ツールバー**]から[**選択ツール**]
（❶）を選び、オブジェクト全体を
選択すると、周囲に「バウンディ
ングボックス」が表示されます。
複数のオブジェクトを選択してい
ると、選択しているすべてのオブ
ジェクトを囲むようにバウンディ
ングボックスが表示されます。バウ
ンディングボックスには図形全体
を操作するためのハンドルが表
示されています 4 。

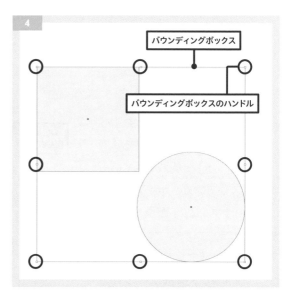

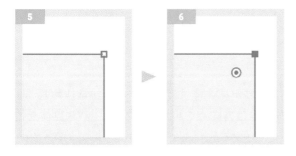

[**ダイレクト選択ツール**]（❷）では、オブジェク
トの特定のアンカーポイントや、パスのみなど、
部分的な選択が可能です。選択されていない
アンカーポイントは白抜きで 5 、選択され
ているアンカーポイントは塗りつぶされた状態
で表示されます 6 。

［**なげなわツール**］(③)では、選択したい領域をドラッグして囲むことで、選択するオブジェクトやアンカーポイントなどを設定できます  。

また、［**グループ選択ツール**］(④)では、グループ化(84ページ参照)されたオブジェクト群をクリックごとにグループ単位で選択できます。

COLUMN

オブジェクトの選択は、［選択］メニューからも行えます。［選択］メニューでは、ドキュメントウィンドウ内のオブジェクトをすべて選択したり、塗りつぶしの色が共通しているオブジェクトを一括して選ぶなど、条件を設定して選択することができます。

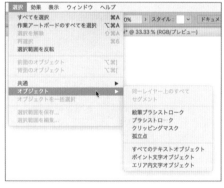

STEP **8**

レイヤーを
自由に使いこなそう

Illustratorでのグラフィックはオブジェクト単位で構成され、オブジェクト同士に前後関係があります。さらに複数のオブジェクトを階層として扱える機能が「レイヤー」です。この「レイヤー」の操作をマスターしましょう。

■［レイヤーパネル］の構成

Illustratorで新規ファイルを作成すると、初期設定のレイヤー「レイヤー1」が設定された状態でドキュメントウィンドウが表示されます。ここでもサンプルを実際に確認しながら読みすすめましょう（📁 sample/level1/01-08.ai）。レイヤーの管理は［**レイヤーパネル**］で行います **1** 。

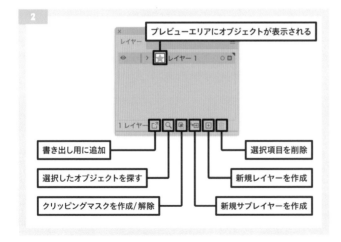

ドキュメント内にオブジェクトを作成すると、「レイヤー1」のプレビューエリアに表示されます。

［**レイヤーパネル**］の下部には、「新規レイヤーを作成」「選択項目を削除」など、レイヤーを操作するためのボタンが用意されています **2** 。

「新規レイヤーを作成」ボタンをクリックすると、選択しているレイヤーの前面（上）に新たにレイヤーが作成されます **3** 。

新規レイヤーが追加された

新規サブレイヤーが追加された

「新規サブレイヤーを作成」ボタンをクリックすると、選択しているレイヤーに属するサブレイヤーが新たに作成されます 。

TIPS サブレイヤーを活用して大量のオブジェクトを管理する

複雑な図版やイラストの制作時には、オブジェクトの数が大量になることもあります。Photoshopのように［レイヤーパネル］上で複数のレイヤーをまとめてグループにするような機能がIllustratorにはないため、レイヤーを都度追加しているとレイヤー数も膨大になってしまいます。サブレイヤーを活用することで、レイヤーを1つのグループとして扱うことができるようになり、オブジェクトを効率よく管理することが可能です。

［**レイヤーパネル**］でレイヤー名左側の ❯ アイコン(❶)をクリックすると、該当レイヤーに属するオブジェクトがそれぞれ別の行として表示されます。レイヤーに属するオブジェクトが選択された状態にあるとき 5 、［**レイヤーパネル**］で該当するオブジェクトが属するレイヤーとそのオブジェクトの項目の右端に四角マークが表示されます 6 。

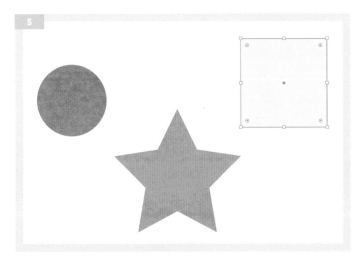

選択されているオブジェクトの横に■が表示される

Illustratorの基本知識を身に付けよう

LEVEL
1

041

[**レイヤーパネル**]でレイヤー名テキストをダブルクリックすると、レイヤー名がテキストエリアに切り替わり、名称を変更することができます 7 。

■ レイヤーの表示・非表示とロック

[**レイヤーパネル**]で各レイヤーの左側に表示される目のアイコン（❶）をクリックすると、そのレイヤーはドキュメントウィンドウ内で非表示の状態になります。目のアイコンの位置を再度クリックしてアイコンを表示させると、レイヤー上のオブジェクトも再度表示されます。

[**レイヤーパネル**]で目のアイコンの右側の空白のエリアをクリックすると鍵のアイコン（❷）が表示され、そのレイヤー上のオブジェクトは編集できないようにロックされた状態になります。鍵のアイコンを再度クリックすると、ロックが解除されます。

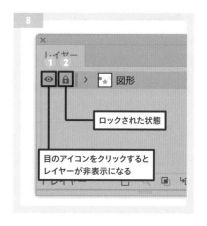

■ [レイヤーオプションダイアログ]を利用する

[**レイヤーパネル**]でレイヤー名をダブルクリックすると、[**レイヤーオプションダイアログ**]が表示されます 9 。ダイアログ内の各項目を編集することで、レイヤーの名前やロック・表示／非表示などをコントロールすることができます。

[**レイヤーオプションダイアログ**]の「カラー」のプルダウンメニューでは、そのレイヤーに属するオブジェクトを選択したときのバウンディングボックスやパスのカラーを指定します 10 。レイヤー内のグラフィックの色に合わせて必要に応じて調整します。

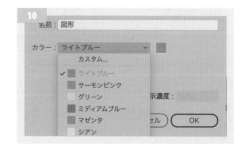

［**レイヤーオプションダイアログ**］を開き 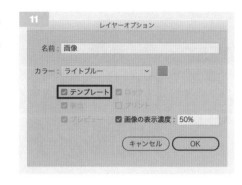 「テンプ
レート」項目をチェックすると、そのレイヤーは「テンプ
レート」に設定されます。「テンプレートレイヤー」は、イ
メージをトレースしたい場合などに有効な設定です。
自動的にレイヤーがロックされレイヤー上のラスタライ
ズデータは表示濃度が50％になり、トレースしやすい
状態になります 12 。

[**テンプレート**] に設定されているレイ
ヤーは、［**レイヤーパネル**］上で目のアイ
コンの代わりに四角形のアイコンが
表示されます 13 。

本書では、課題ファイルの下絵の部分が
「テンプレートレイヤー」として設定され
ています。

テンプレートに設定され、表示濃度が50％になった

テンプレートに設定されている

■ レイヤーの前後関係を変更する

オブジェクトの前後関係は［**オブジェクト**］メニュー→［**重ね順**］を利用するほか（213ページ参照）、［**レ
イヤーパネル**］を利用することでも調整することが可能です。

［**レイヤーパネル**］それぞれのレイヤーやサブレイヤー、オブジェクトのレイヤー項目などをドラッグ
&ドロップして上下の位置を変えると、ドキュメントウィンドウ内のオブジェクト同士の前後関係を調
整することができます。

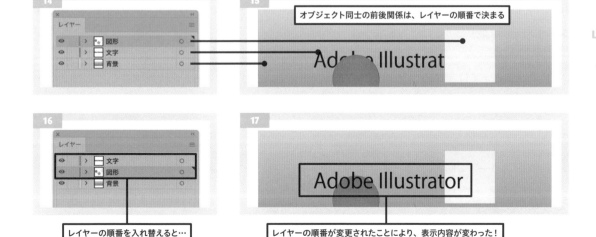

オブジェクト同士の前後関係は、レイヤーの順番で決まる

レイヤーの順番を入れ替えると…

レイヤーの順番が変更されたことにより、表示内容が変わった！

LEVEL 1

TEST

Illustrator の基本
知識をチェックしよう

このSTEPで使用する
主な機能

ツールバー

カラーモード

環境設定ダイアログ

アートボード

レイヤー

これまでの解説をもとに、Illustrator の基礎知識に関する
問題に○か×で答えます。不明瞭な部分があったときは、
解説ページに戻って確認してください。

■ 問題

1 Illustrator は印刷するアイテムのデザインやイラスト制作をするためのアプリケーションであ
るため、Web ページのデザインには不向きである。

2 Illustrator でオブジェクトを描画するための[**ツールバー**]は、使いやすいようにカスタマイズ
できる。

3 Illustrator でもピクセル単位でグラフィックを描いてイラストを描くことができる。

4 Illustrator ではピクセル単位でグラフィックを描くことができないため、写真画像などのラス
ターイメージは取り扱うことができない。

5 Illustrator では、RGBカラーとCMYKカラーの2つのカラーモードを利用できる。RGBカラー
はWebサイトなどのコンテンツを制作するときに、CMYKカラーは印刷を目的としたアイテムを制
作するときに使用する。

6 RGBカラーとCMYKカラーの2つのカラーモードは、ドキュメントの新規制作時に設定した後
は変更することができない。

7 ［**環境設定ダイアログ**］は、Illustratorを使いはじめたときに使いやすく設定すれば、あとはまったく操作しなくてよい。

8 アートボードは、1つのドキュメントに対して1つだけ設置できる。

9 曲線の曲がり具合や長さなどを調整したいときは、アンカーポイントから伸びる方向線の先のハンドルを操作する。

10 ［**レイヤーパネル**］ではレイヤーを非表示にすることはできるが、レイヤー上のオブジェクトが編集できないように設定することはできない。

■ 答え

1 正解：×
Illustratorでは印刷物のほか、WebページやSNS用の画像なども効率よく制作することができます。

2 正解：○
［**ツールバー**］下部の「ツールバーを編集 ...」ボタンをクリックすると、編集用のパネルが表示されます。パネル内や［**ツールバー**］上でツールアイコンをドラッグ＆ドロップするなど、利用頻度の高いツールでまとめるなどカスタマイズすることができます。

3 正解：×
Illustratorではピクセル単位でグラフィックを描くことはできません。

4 正解：×
ピクセル単位でグラフィックを描くことはできませんが、写真画像などを読み込んだり、ファイルを開き画像全体を変形したり、トレースしてベクターイメージに変換するなどの編集が可能です。

5 正解：○

6 正解：×

［**ファイル**］メニュー → ［**ドキュメントのカラーモード**］のメニュー項目から選択することで、現在ド
キュメントに設定されているモードとは異なるカラーモードを指定することができます。

7 正解：×

描きたい内容や作業に合わせて効率よく操作が行えるように、必要に応じて都度［**環境設定ダイア
ログ**］で設定を行います。

8 正解：×

Illustratorでは1つのドキュメントに複数のアートボードを作成することができます。

9 正解：○

10 正解：×

［**レイヤーパネル**］では、レイヤーの表示／非表示のほか、鍵のアイコンをクリックすることでレイ
ヤーのロック／ロック解除を切り替えることができます。ロックしたレイヤーはそのレイヤー上のオ
ブジェクトが編集できない状態になります。

基本を
しっかり頭に
入れておこう

初級
BEGINNER

LEVEL
2

図形を
マスターしよう

LEVEL 2では、Illustratorの機能を使って直線や四角形、円など図形の描画に挑戦。ツールを使いこなせば、複雑な形の図形の描画もお手のもの。描いた線や図形のアレンジや、線のカスタマイズなど、LEVEL 2にはIllustratorを使いこなす基本の操作が詰まっています。1つずつマスターしていきましょう。

このSTEPで使用する
主な機能

直線ツール

STEP 1

直線を描いてみよう

動画で確認

複雑な構成に見えるイラストや図版も、単純な図形の組み合わせに分解して作り上げることができます。図形の中でもっとも単純なパーツは直線です。まずは直線の描き方をマスターしていきましょう。

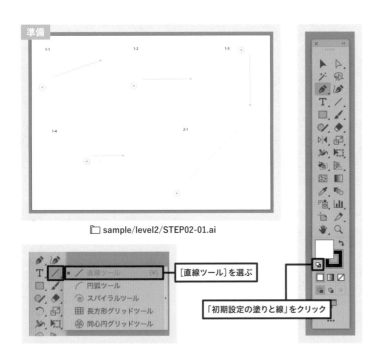

準備

📁 sample/level2/STEP02-01.ai

[直線ツール]を選ぶ

「初期設定の塗りと線」をクリック

事前準備

課題ファイル「STEP02-01.ai」を開きます。

直線を描くための下絵が用意されたファイルが表示されます。

[ツールバー]の「初期設定の塗りと線」をクリックして、初期設定の状態に指定しておきましょう。

[ツールバー]から[直線ツール]を選びます。

1 いろいろな直線を描く

課題ファイルの「1-1」で下絵の赤丸ポイントの中の■にカーソルを合わせます。そのままマウスをプレスして矢印の方向へ点線上をドラッグすると、ドラッグの軌跡に合わせて直線が描けます 1・1 。

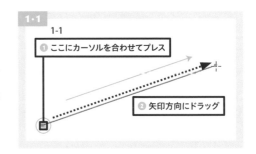

1・1

1-1

❶ ここにカーソルを合わせてプレス

❷ 矢印方向にドラッグ

課題ファイルの「1-2」で
下絵の赤丸ポイントの中の
■ でマウスをプレスし、
shiftキーを押しながら右方
向へドラッグすると、水平
線を描けます 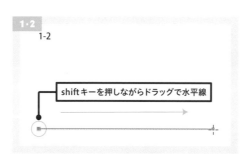 。

課題ファイルの「1-3」で下絵の赤丸ポイントの中の■でマウスをプレ
スし、shiftキーを押しながら下方向へドラッグすると、垂直な線を描け
ます 1·3 。

課題ファイルの「1-4」で下絵の赤丸ポイントの中の■
でマウスをプレスし、option(Win：Alt)キーとshift
キーを押しながら右方向へドラッグすると、ドラッグを
開始した位置を中心にした水平線を描けます 1·4 。

TIPS　斜め45度の線を描くには?

shiftキーを押しながら［直線ツール］でドラッグすることで、ドラッグしている方向に合わせ
て、水平・垂直・斜め45度に角度を限定して直線を描くことができます。

2　長さや角度を指定して直線を描く

課題ファイルの「2-1」で、下絵の赤丸ポイントの中
の■をクリックします 2·1 。

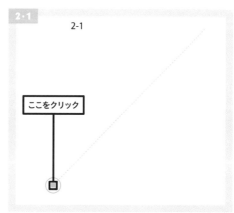

図形をマスターしよう

LEVEL
2

1

［**直線ツールオプションダイアログ**］が表示されたら、「長さ：300px　角度：45°」と入力して「OK」をクリックします  。ダイアログを介することで、正確に長さや角度を指定して直線を描くことができました 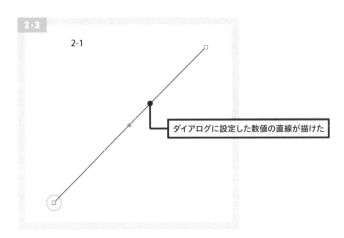 。

2・2

直線ツールオプション

長さ：300 px

角度：　45°

□ 線の塗り

（キャンセル）（OK）

オプションダイアログが表示された

2・3

2-1

ダイアログに設定した数値の直線が描けた

完成図

1-1

1-2

1-3

1-4

2-1

いろいろな直線が
描けるように
なった！

LEVEL 2

STEP 2

四角形や円を描いてみよう

このSTEPで使用する主な機能

長方形ツール

楕円形ツール

角丸長方形ツール

動画で確認 四角形や円は、さまざまな場面で登場する図形の基本です。専用のツールを使用して描きますが、同じツールを使用していても複数の描き方があります。描く内容に合わせて選べるように、いろいろな描き方をマスターしましょう。

準備

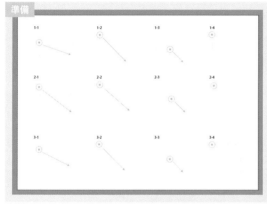

📁 sample/level2/STEP02-02.ai

「初期設定の塗りと線」をクリック

事前準備

課題ファイル「STEP02-02.ai」を開きます。四角形や円を描くための下絵が用意されたファイルが表示されます。

[**ツールバー**]の「初期設定の塗りと線」をクリックして、初期設定の状態に指定しておきましょう

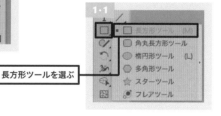

長方形ツールを選ぶ

1 四角形を描く

[**長方形ツール**]を選びます `1·1` 。

課題ファイルの「1-1」で下絵の点線の長方形左上の赤丸ポイントの中の■にカーソルを合わせます。そのままマウスをプレスし、下絵の矢印に添うように右下方向へドラッグすると、ドラッグの軌跡が対角線となる長方形が描けます `1·2` 。

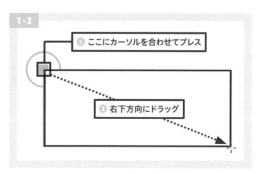

① ここにカーソルを合わせてプレス

② 右下方向にドラッグ

図形をマスターしよう

LEVEL 2

1

課題ファイルの「1-2」で下絵の点線の正方形左上の赤丸ポイントの中の■にカーソルを合わせ、shiftキーを押しながら右下方向へドラッグすると、正方形を描くことができます 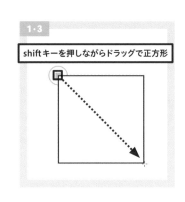 。

課題ファイルの「1-3」で下絵の点線の正方形の中央にある赤丸ポイント上にカーソルを合わせ、option(Win：Alt)キーとshiftキーを押しながら右下方向へドラッグすると、正方形を中央から広がるように描くことができます  。

課題ファイルの「1-4」で下絵の点線の正方形の左上にある赤丸ポイントの中の■をクリックします。[**長方形ダイアログ**]が表示されたら、「幅：100px　高さ：100px」と入力して「OK」をクリックします  。ダイアログを介することで、正確にサイズを指定して図形を描くことができます。

2 円を描く

[**楕円形ツール**]を選びます 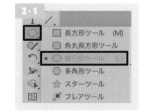 。
課題ファイルの「2-1」で下絵の点線の円の左上の赤丸ポイントの中の■にカーソルを合わせます。
そのままマウスをプレスし、下絵の矢印に添うように右下方向へドラッグすると、ドラッグの軌跡が中心線となる楕円形が描けます 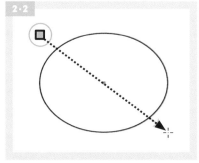 。

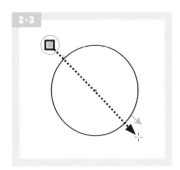

課題ファイルの「2-2」で下絵の点線の円の左上の赤丸ポイントの中の■にカーソルを合わせ、shiftキーを押しながら右下方向へドラッグすると、正円を描くことができます 。

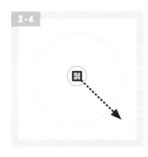

2·4

課題ファイルの「2-3」で下絵の点線の円の中央にある赤丸ポイントの中の■にカーソルを合わせ、option(Win：Alt)キーとshiftキーを押しながら右下方向へドラッグすると、正円を中央から広がるように描くことができます 2·4 。

課題ファイルの「2-4」で下絵の点線の円の左上にある赤丸ポイントの中の■をクリックします。[**楕円形ダイアログ**]が表示されたら、「幅：100px　高さ：100px」と入力して「OK」をクリックします 2·5 。ダイアログを介することで、正確にサイズを指定して円を描くことができます。

2·5

楕円形

幅：100 px

高さ：100 px

キャンセル　OK

TIPS　**キーボードショートカットで描く図形を指定できる**

[直線ツール]と同様、図形を描くツールでもshiftキーなど特定のキーと組み合わせることで、描く方向や形を指定して描画することができます。

キー	直線ツール	長方形ツール	楕円形ツール
shift	水平・垂直・斜め45度の線	正方形	正円
shift+option	開始位置を中心にした水平線	開始位置を中心に正方形	開始位置を中心に正円

3　角丸長方形を描く

[**角丸長方形ツール**]を使用すれば 3·1 、[**長方形ツール**]や[**楕円形ツール**]と同様の操作で、角丸長方形や角丸正方形を描くことができます。

課題ファイルの「3-1」〜「3-4」を利用して、角丸長方形を4種類の方法で描いてみましょう 3·2 。

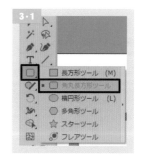

3·1

□ 長方形ツール　　(M)
■ 角丸長方形ツール
○ 楕円形ツール　　(L)
◇ 多角形ツール
☆ スターツール
フレアツール

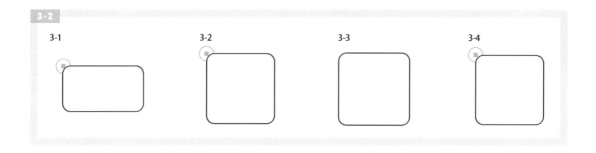

[**角丸長方形ダイアログ**]でサイズを指定して角丸長方形を描くときには、角丸の半径も指定することができます。[**角丸長方形ツール**]で課題ファイルの「3-4」下絵の点線の角丸正方形の左上にある赤丸ポイントの中の■

をクリックします。

[**角丸長方形ダイアログ**]では、「角丸の半径」の数値を大きくすると 、角の丸みがより円に近い滑らかな輪郭になります。

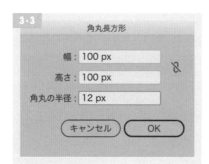

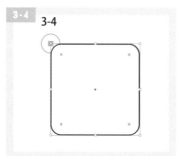

完成図

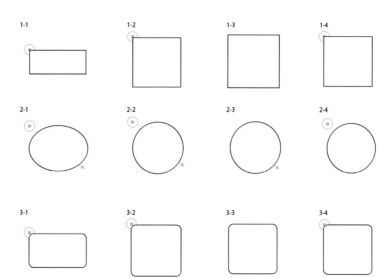

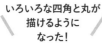

いろいろな四角と丸が描けるようになった！

STEP 3

多角形や星形を描いてみよう

動画で確認 多角形や星形はレイアウトのアクセントとして活用できる図形です。
三角形や六角形、星形など描きたい図形を自由に描けるように、まず
は基本的な描き方をマスターしましょう。

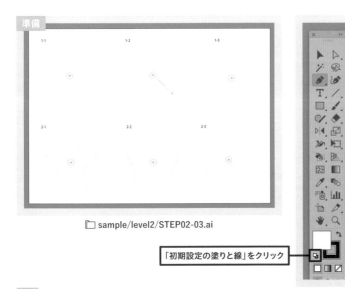

準備

sample/level2/STEP02-03.ai

「初期設定の塗りと線」をクリック

事前準備

課題ファイル「STEP02-03.ai」
を開きます。
多角形や星形を描くための下絵
が用意されたファイルが表示さ
れます。
[**ツールバー**]の「初期設定の塗
りと線」をクリックして、初期設
定の状態に指定しておきましょう。

図形をマスターしよう

LEVEL
2

1

1 多角形を描く

[**多角形ツール**]を選びます 1・1 。課題ファイルの「1-1」
で下絵の点線の八角形中央にある赤丸ポイントの中の■を
クリックします 1・2 。

1・1

□ 長方形ツール　(M)
□ 角丸長方形ツール
○ 楕円形ツール　(L)
○ 多角形ツール
☆ スターツール
○ フレアツール

1・2

ここをクリック

表示される[**多角形ダイ
アログ**]で、「半径:100px
辺の数：8」と入力して
「OK」をクリックします
`1·3` 。
指定したサイズで八角形
が描かれます `1·4` 。

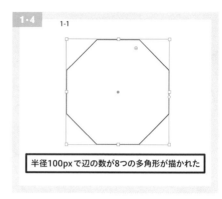

半径100pxで辺の数が8つの多角形が描かれた

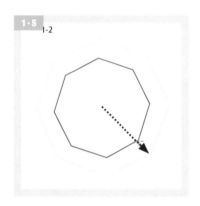

課題ファイルの「1-2」で下絵の点線の八角形中央にある赤丸
ポイントの中の■にカーソルを合わせて右下方向へドラッグす
ると、自由なサイズ・向きで八角形を描くことができます `1·5` 。

TIPS

[多角形ツール]で画面上をドラッグすると、直近に［多角形
ダイアログ］で指定した「辺の数」で多角形が描かれます。

課題ファイルの「1-3」で下
絵の点線の三角形中央にあ
る赤丸ポイントの中の■をク
リックします。表示される[**多
角形ダイアログ**]で、「半径：
100px　辺の数：3」と入力し
て「OK」をクリックします
`1·6` 。指定したサイズで三
角形が描かれます `1·7` 。

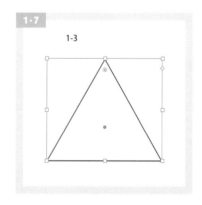

`2`　星形を描く

[**スターツール**]を選びます `2·1` 。
課題ファイルの「2-1」で下絵の星形中央の赤丸ポイントの中の■をクリックします。
表示される[**スターダイアログ**]で、「第1半径：100px　第2半径：50px　点の数：5」と入力して
「OK」をクリックします `2·2` 。指定したサイズで星形が描かれます `2·3` 。

TIPS 「第1半径」と「第2半径」とは?

ダイアログで指定する「第1半径」「第2半径」は、それぞれ
図のエリアを示しています。第1半径と第2半径の差が大きく
なるほど星形の尖った部分が鋭くなります。

課題ファイルの「2-2」で下絵
の星形中央の赤丸ポイントの
中の■をクリックします。表示
される[スターダイアログ]で、
「第1半径:100px 第2半径:
70px 点の数:5」と入力して
「OK」をクリックします 2・4 。
指定したサイズで星形が描か
れます 2・5 。

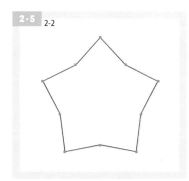

課題ファイルの「2-3」で下絵のギザギザのバッジ型中央の赤丸ポイントの中の■をクリックします。
表示される[スターダイアログ]で、「第1半径:100px 第2半径:80px 点の数:30」と入力し
て「OK」をクリックします 2・6 。
爆発パターンのようなギザギザのバッジ型が描かれます 2・7 。

図形をマスターしよう

LEVEL
2

1

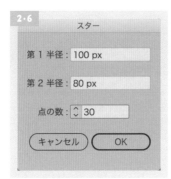

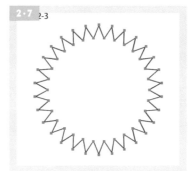

 TIPS　　点の数を変更していろいろなバッチを作ってみよう

［スターダイアログ］で「点の数」を20以上に指定すると、バッジ型を描くことができます。また［多角形ツール］同様に、画面上をクリックではなくドラッグすると、［スターダイアログ］で直近に指定した「点の数」で星形が描かれます。

完成図

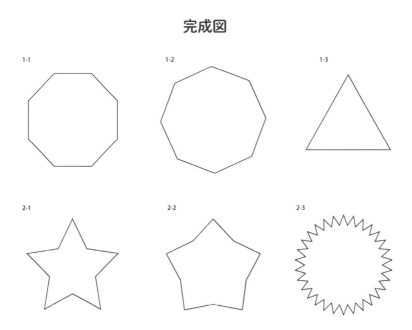

STEP 4

(20分)

自由に
線を描いてみよう

動画で確認　紙に鉛筆で線を描くように、マウスを動かす軌跡をそのまま線
として描く方法もあります。自由に線を描ける［鉛筆ツール］
や、描くための補助をしてくれるツールをマスターしましょう。

準備

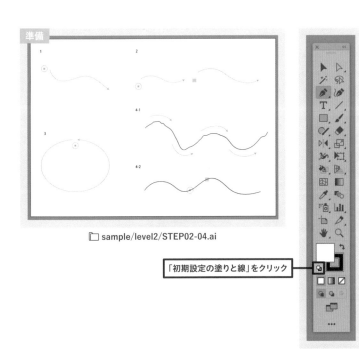

📁 sample/level2/STEP02-04.ai

「初期設定の塗りと線」をクリック

事前準備

課題ファイル「STEP02-04.ai」
を開きます。

自由な線を描くための下絵が用
意されたファイルが表示されま
す。

［ツールバー］の「初期設定の塗
りと線」をクリックして、初期設
定の状態に指定しておきましょう。

図形をマスターしよう

LEVEL
2

1　自由な曲線を描く

1

［**鉛筆ツール**］を選びます _{1・1}。
課題ファイルの「1」で赤丸ポイントの中の■をプレスし、そのまま緑
の点線に沿ってドラッグします _{1・2}。
ドラッグを終えると、ドラッグした軌跡に沿ってパスが描かれます
_{1・3}。

1・1

Shaper ツール（Shift+N）
鉛筆ツール　　　　（N）
スムーズツール
パス消しゴムツール
連結ツール

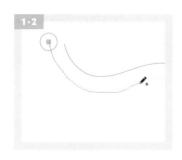

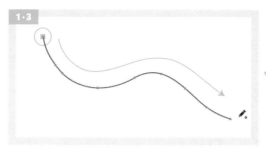

はじめのうちは、
ずれても大丈夫！
ゆっくり
なぞってみよう

 TIPS パスの精度を設定する

［ツールバー］で［鉛筆ツール］のアイコン上をダブルクリックすると、［鉛筆ツールオプションダイアログ］が表示されます。このダイアログでは、ドラッグの軌跡にどれだけ忠実にパスを描くか、「精度」を調整することができます。「精度」のスライドを一番左に設定して［鉛筆ツール］を使用すると、ドラッグの軌跡に精密に合わせたパスが描けます。「精度」のスライドを一番右に設定すると、ドラッグの軌跡よりも曲線の滑らかさが優先されたパスが描けます（本書では、中央部に設定した状態で描画します）。

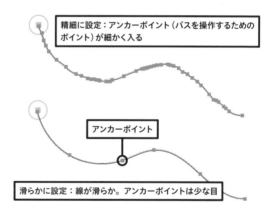

精細に設定：アンカーポイント（パスを操作するためのポイント）が細かく入る

アンカーポイント

滑らかに設定：線が滑らか。アンカーポイントは少な目

2 線をつないで描く

課題ファイルの「2」で赤丸ポイントの中の ■ にマウスを合わせます。カーソルが鉛筆のアイコンに「＊」マークがある形になっていることを確認したら、マウスをプレスしそのまま緑の点線に沿ってドラッグします 2・1 。

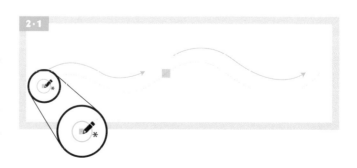

青い■までで、ドラッグをいったん休止します。ドラッグした位置までのパスが描かれます 2・2 。

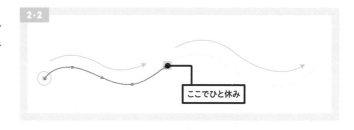

ここでひと休み

描いたパスの終端部分にカーソルを近付けると、カーソルの形状が鉛筆のアイコンに「／」マークがある形になります 2・3 。

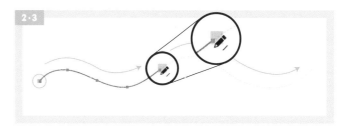

この形になった状態でマウスをプレスし、緑の点線の終わりまで再度ドラッグすると、描いておいたパスにつなげてパスを描き加えることができます 2・4 。

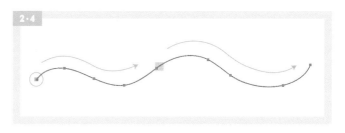

 TIPS パスをつなげるにはまず選択してから

［鉛筆ツール］でパスを描きつなげるときには、つなげたいパスが選択された状態になっていることが必要です。選択されたパスにはアンカーポイントが表示されます。

図形をマスターしよう

LEVEL
2

3 閉じた線を描く

課題ファイルの「3」で赤丸ポイントの中の■でマウスをプレスし、そのまま緑の点線に合わせてドラッグして楕円形を描きます 3・1 。途中でマウスを離してしまったときは、 2・3 のように端のアンカーポイントから線がつながるようにドラッグを再開しましょう。

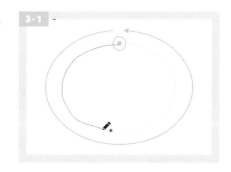

元の■にカーソルが近付き、カーソルの形状が鉛筆のアイコンに「○」マークが付いている形に変わったことを確認したら、ドラッグを終えます <u>3·2</u> 。パスの両端が閉じられた状態で線が描かれます <u>3·3</u> 。

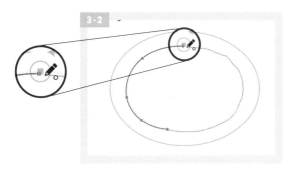
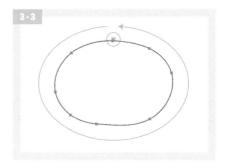

<u>4</u>　線をアレンジする

課題ファイルの「4-1」には、あらかじめ線が描かれています。ガタガタとした線を滑らかな線にアレンジします。はじめに[**選択ツール**] <u>4·1</u> で「4-1」のパスをクリックして選択します <u>4·2</u> 。

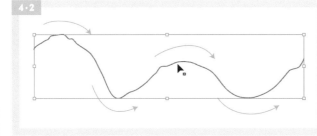

続いて[**スムーズツール**] <u>4·3</u> で線の上をなぞるように何度もドラッグすると <u>4·4</u> 、ドラッグした位置のパスが滑らかな曲線に変わります。同様に、線の曲がっている部分を中心に[**スムーズツール**]でなぞるようにドラッグして、全体が滑らかな曲線になるように調整します <u>4·5</u> 。

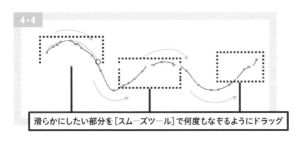

滑らかにしたい部分を[スムーズツール]で何度もなぞるようにドラッグ

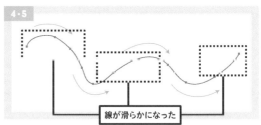

線が滑らかになった

課題ファイル「4-2」も、あらかじめ線が描かれています。描いてある線の一部を消したり、またつなげてみましょう。[**選択ツール**]で「4-2」のパスをクリックして選択します。

続いて[**パス消しゴムツール**]  で赤丸ポイントの中の■をプレスし 4・7 、そのままパスに沿って右方向へドラッグして青い■でドラッグを休止します。ドラッグした軌跡に重なる位置のパスが削除されます 4・8 。

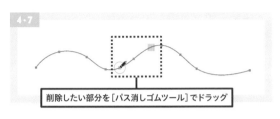
削除したい部分を[パス消しゴムツール]でドラッグ

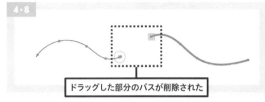
ドラッグした部分のパスが削除された

[**連結ツール**] 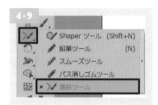 に切り替え、[**パス消しゴムツール**]をドラッグしたときと同じように赤の■から青い■までをドラッグします 4・10 。ドラッグの軌跡に合わせてパス同士が連結されます 4・11 。

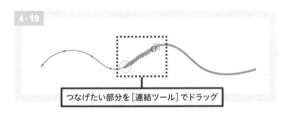
つなげたい部分を[連結ツール]でドラッグ

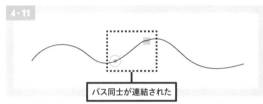
パス同士が連結された

完成図

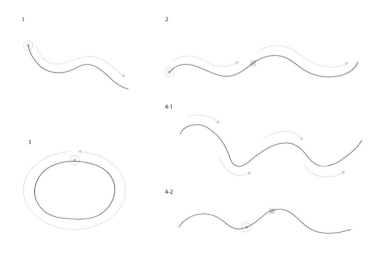

1

2

3

4-1

4-2

パスを削除したりつなげたり
自在に
できるんだね!

STEP 5

筆で描くように
線を描いてみよう

動画で確認

Illustratorでは、毛筆や水彩のようなタッチで線を描くことも可能です。5種類の「ブラシ」の特徴をマスターすれば、描きたいイメージのままに表現できるようになるでしょう。

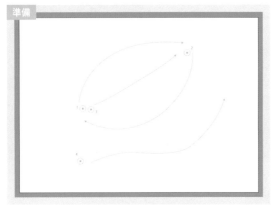

準備

□ sample/level2/STEP02-05.ai

事前準備

課題ファイル「STEP02-05.ai」を開きます。

ブラシで描くための下絵が用意されたファイルが表示されます。

[ツールバー]の「初期設定の塗りと線」をクリックして、初期設定の状態に指定しておきましょう。

「初期設定の塗りと線」をクリック

1　カリグラフィペンで描いたような線を描く

[ブラシツール]を選びます 1・1 。課題ファイルの赤丸ポイント「1」の■をプレスし、緑の点線に沿って赤丸ポイント「2」のあたりまでドラッグします。ドラッグを終えると、ドラッグした軌跡に沿ってパスが描かれます 1・2 。

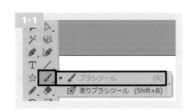

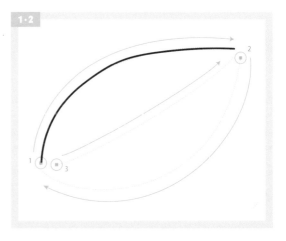

続いて赤丸ポイント「2」から「1」の辺りまで、さらに「3」から右上方向に[**ブラシツール**]でドラッグして曲線のパスを追加し、「葉」の形を描きます。 **1･3** 。

[**選択ツール**]を選びます **1･4** 。[**ブラシツール**]で描いた3本のパスに重なるように範囲をドラッグして、3本のパスすべてを選択します **1･5** 。

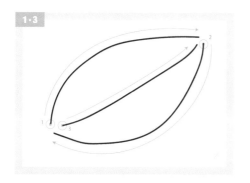

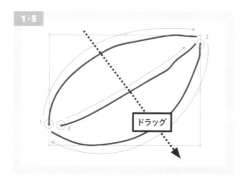

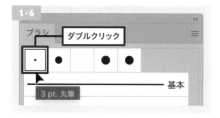

[**ブラシパネル**]のブラシのサムネールにカーソルを合わせると、選択しているパスには初期設定の「3pt. 丸筆」というカリグラフィブラシが適用されていることが確認できます **1･6** 。

ブラシのサムネールをダブルクリックして、[**カリグラフィブラシオプションダイアログ**]を表示します。

ダイアログ左下の「プレビュー」オプションをチェックしてからスライダーを操作すると、線の太さが変化するのが確認できます。「角度：60° 真円率：15% 直径：20pt」と指定すると **1･7** 、カリグラフィペンで描いたときにより近いイメージの線になります **1･8** 。

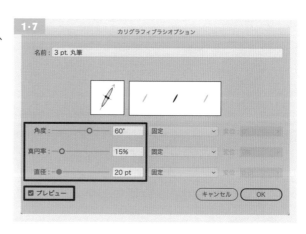

ペンの向きによって太さが変化する技法を、カリ
グラフィと呼びます

ダイアログの「OK」ボタンをクリックすると、続いてアートワー
ク上のブラシストロークの変更を適用するかどうかのアラート
が表示されます 1・9 。「適用」ボタンをクリックすると、両ダイ
アログが同時に閉じて、パスの外観が変わります。

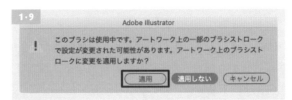

2 木炭で描いたような線を描く

描いたパスが選択されていることを確認して（選択されていなかったら 1・5 の手順でパスを選択）、[**ブラ
シパネル**]で「木炭画‐鉛筆」ブラシを選択します 2・1 。「カリグラフィブラシ」が適用されていた
線の外観が、木炭で描いたように線端に向かってかすれたような状態に変わります 2・2 。

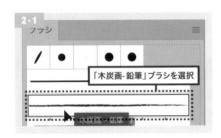

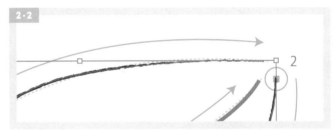

[**ブラシパネル**]の「木炭画‐鉛筆」ブラシのサムネールも、ダブルクリックすると[**アートブラシオプ
ションダイアログ**]が表示されます。[**幅：400%**]と設定して「OK」ボタンでダイアログを閉じると
2・3 、線の幅が太くなり、木炭で描いたようなディテールがより強調された外観に変わります 2・4 。

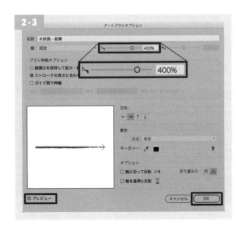

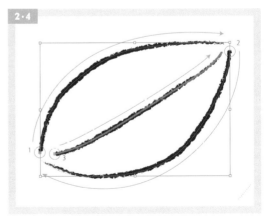

TIPS さまざまな表現を可能にするアートブラシ

描かれているパスの外観を、別のイラストやグラフィックに置き換えて表現するブラシが「アートブラシ」です。木炭で描いたような線のほか、チョークやドライブラシで描いたようなタッチもライブラリとして用意されています。また、イラストや画像を「アートブラシ」として登録することもできます。チョークやドライブラシなどの「アートブラシ」ライブラリは、[ブラシパネル]の「ブラシライブラリメニュー」(68ページ参照) の [アート] からそれぞれ開くことができます。[アート] → [アート_ペイントブラシ][アート_木炭・鉛筆] それぞれのパネルで、チョークやドライブラシを選択できます。

3 イラストパターンで線を描く

描いたパスが選択されていることを確認して、[**ブラシパネル**]で今度は「レザーステッチ」ブラシを選択します **3·1**。線が、今度は皮革製品を糸で縫っているような外観に変わります **3·2**。

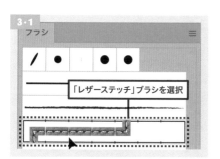

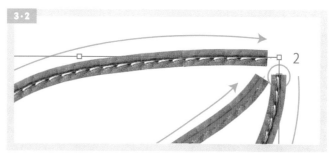

[**ブラシパネル**]左下の「ブラシライブラリメニュー」アイコンをクリックします。表示されるメニューから、「ボーダー」→「ボーダー_フレーム」を選択すると **3·3**、さまざまな「パターンブラシ」が用意された[**ボーダー_フレーム**]ライブラリパネルが開きます。

ライブラリの中から「オーク」をクリックして選択すると **3·4**、パスの外観が木の年輪のようなイメージに変わります **3·5**。

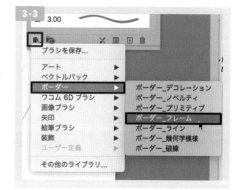

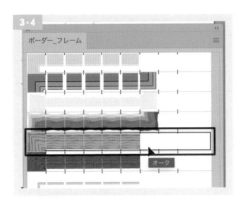

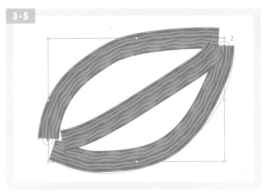

4 水彩のようなタッチで線を描く

描いたパスが選択されていることを確認したら、[**ブラシパネル**]で今度は「猫の舌」ブラシを選択します 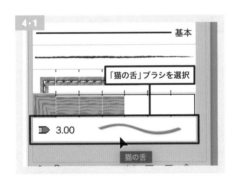 。パスが今度は水彩で描いたようなイメージに変わります 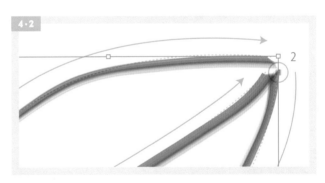 。

[**ブラシパネル**]左下の「ブラシライブラリメニュー」アイコンをクリックします。表示されるメニューから、「絵筆ブラシ」→「絵筆ブラシライブラリ」を選択すると  、さまざまな「絵筆ブラシ」が用意された[**絵筆ブラシライブラリパネル**]が開きます。

ライブラリの中から「丸筆 - モップ」をクリックして選択すると  、濃淡のある絵筆で線を描いたような外観に変わります  。

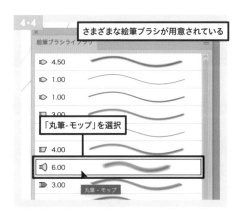
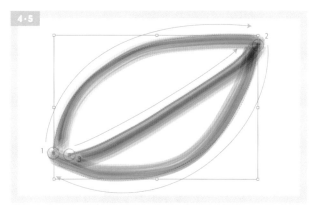

「さまざまな絵筆ブラシが用意されている」

「丸筆-モップ」を選択

 TIPS　絵筆ブラシのサイズは左側にある数値を確認する

1ストローク内に濃淡のある水彩ブラシのような表現ができるのが「絵筆ブラシ」です。「絵筆ブラシ」に設定されている筆先のサイズは、[ブラシパネル] 内でサムネールの左側に数値で表示されています。

5　線の周囲にグラフィックをちりばめて描く

[**ブラシツール**]を選択します。課題「4」の赤丸ポイントの中の■をプレスし、緑の点線に沿って右上方向へドラッグして曲線を描きます。ドラッグを終えると、「絵筆ブラシ」で線が描かれた状態になります。

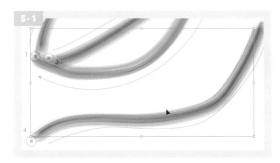

[**選択ツール**]を選び、直前の工程で[**ブラシツール**]で描いたパスをクリックして選択します `5·1`。

「ブラシライブラリメニュー」アイコンをクリックし、「装飾」→「装飾_散布」を選択すると `5·2`、さまざまな「散布ブラシ」が用意された[**装飾_散布**]ライブラリパネルが開きます。

ライブラリの中から「4pt 星」をクリックして選択すると 5・3 、パスの軌跡に沿って緑色の星形の
ようなイラストがランダムにちりばめられた状態になります 5・4 。

 **TIPS**　散布ブラシ

さまざまなイラストオブジェクトをパスの周囲にちりばめることができるブラシが「散布ブラ
シ」です。複雑なイメージも手軽に表現できるため、イラストの背景や装飾イメージとして便
利に利用できます。[ブラシパネル] やライブラリパネル内のブラシサムネールのアイコンを
クリックすると、散布される位置が変化します。

完成図

ここで紹介した
ブラシ以外も
いろいろ試してみよう

LEVEL 2

STEP 6

描いた図形を
操作しよう

動画で確認

描いた線や図形は、オブジェクトごとに自由に移動したり変形や複製することができます。思い描いたイメージを構成するために、まずは図形の基本的な操作をマスターしましょう。

**このSTEPで使用する
主な機能**

長方形ツール

選択ツール

バウンディングボックス

コーナーウィジェット

ハンドル

準備

📁 sample/level2/STEP02-06.ai

事前準備

課題ファイル「STEP02-06.ai」を開くと、下絵が用意されたファイルが表示されます。
[**ツールバー**]の「初期設定の塗りと線」をクリックして、初期設定の状態に指定しておきましょう。

「初期設定の塗りと線」をクリック

図形をマスターしよう

LEVEL
2

1

---

1 長方形を描いて選択・移動する

[**長方形ツール**]を選びます  1-1 。課題ファイル「1-1」の赤丸ポイントの中の■をプレスし、右下方向にドラッグして緑色の点線に合わせたサイズの長方形を描きます。描かれた直後の長方形は、[**選択ツール**]でオブジェクト全体が「選択された」状態になっています 1-2 。

選択されているオブジェクトは、周囲に「バウンディングボックス」と呼ばれる線が表示された状態になります。バウンディングボックスには、四隅と辺の中央部に「ハンドル」と呼ばれる四角いアイコンが表示されています。

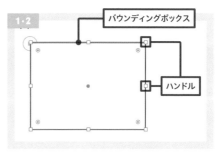

バウンディングボックス

ハンドル

[**選択ツール**]（▶）を選びます。
長方形以外の場所でクリックすると、長方形の選択が解除されます 1·3 。長方形上をクリックするか、長方形と部分的にでも範囲が重なるようにドラッグすると、再び長方形が選択された状態になります 1·4 。

選択が解除された状態

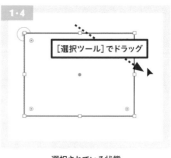

選択されている状態

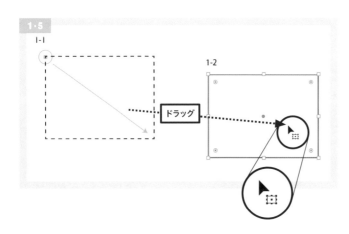

[**選択ツール**]のまま、長方形に重なる位置にカーソルを移動します。カーソルがくさび型に四角形が付属したアイコンになっていることを確認してマウスをプレスし、課題ファイル「1-2」の緑の点線位置へ長方形が重なるようにドラッグします 1·5 。ドラッグに合わせて長方形が移動します。

2 長方形を複製する

移動した長方形に重なる位置にカーソルを重ねてoption（Win：Alt）キーを押すと、カーソルが二重のくさび型に変わります。そのままマウスをプレスして課題ファイル「2」の緑の点線の角丸長方形に重なるように右方向へドラッグします 2·1 。

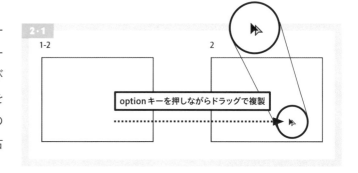

このとき、さらにshiftキーも押しながらドラッグすると、位置を水平に制限して複製を行うことができます。ドラッグを終えると、長方形が複製された状態になります 2·2 。

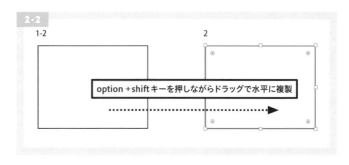

TIPS　オブジェクトを水平・垂直・斜め45°に移動・複製する

shiftキーを押しながら［選択ツール］でのドラッグを実行すると、オブジェクトの移動や複製の位置を水平・垂直・斜め45°に制限して実行できます。

長方形のバウンディングボックスには、ハンドルのほか、各角の内側に二重の赤丸のようなマークも表示されています 2·3。これは「コーナーウィジェット」で、このマークをドラッグすることで長方形を角丸長方形にアレンジすることができます。コーナーウィジェットのいずれかにカーソルを合わせてマウスをプレスし、長方形の内側方向にドラッグすると 2·4、角丸が大きくなり 2·5、角の方向へドラッグすると角丸のない長方形に近い外観になります。

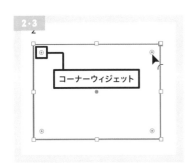

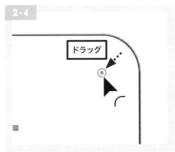

TIPS　特定の角のみ丸くしたいときは

特定のコーナーウィジェットをクリックして選択した状態にしてからドラッグすると、長方形すべての角ではなく、その角だけの丸みを調整することができます。

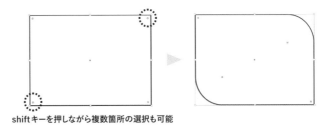

shiftキーを押しながら複数箇所の選択も可能

3　長方形を変形・回転する

［**選択ツール**］でクリック、またはドラッグして、課題ファイル「1-2」で描いた長方形を選択します。この長方形をドラッグして、課題ファイル「3-1」の緑の点線の左端の位置に合わせるように移動させます。

図形をマスターしよう

LEVEL
2

1

課題ファイル「3-1」に複製した長方形でバウンディングボックスの右辺中央部のハンドルにカーソルを合わせます。カーソルが左右の矢印の形状に変わったら 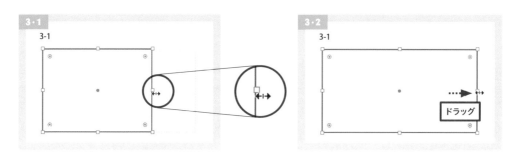 、そのままハンドルを右方向へドラッグして、下絵の緑の点線に合うように長方形を右方向へ伸長します。バウンディングボックスのハンドルを操作することで、長方形を変形することができます 3・2 。

課題ファイル「3-1」で変形した長方形を右方向へドラッグして、「3-2」の緑の点線に重なる位置に移動します。バウンディングボックスの四隅のハンドルの近くにカーソルを合わせると、カーソルが曲線のある矢印の形状に変わります 3・3 。そのままマウスをプレスし、shiftキーを押しながら右下方向へドラッグすると、長方形を45°回転させることができます。

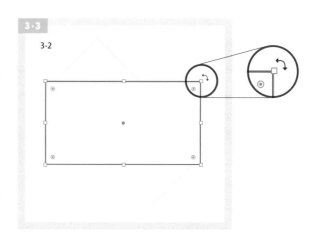

完成図

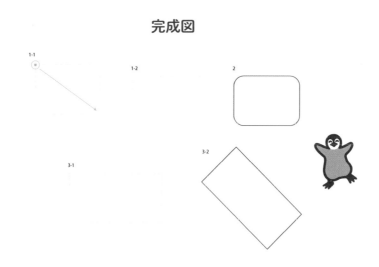

LEVEL 2

STEP 7

描いた図形を部分的に変形しよう

このSTEPで使用する主な機能

長方形ツール

ダイレクト選択ツール

鉛筆ツール

動画で確認 図形の頂点や輪郭線を部分的に引っ張るようなイメージで、変形させる方法をマスターしましょう。曲線を部分的に調整するときには少しの「コツ」が必要ですが、マスターすればいろいろな形を自由に操れるようになります。

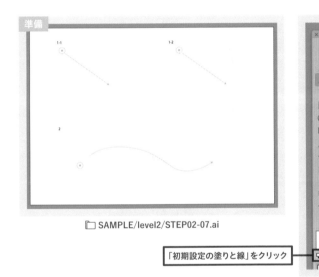

準備

SAMPLE/level2/STEP02-07.ai

「初期設定の塗りと線」をクリック

事前準備

課題ファイル「STEP02-07.ai」を開きます。長方形や曲線を描くための下絵が用意されたファイルが表示されます。

[**ツールバー**]の「初期設定の塗りと線」をクリックして、初期設定の状態に指定しておきましょう。

図形をマスターしよう

LEVEL 2

1

---

1 長方形を部分的に変形する

[**長方形ツール**]を選びます 1・1 。課題ファイル「1-1」の赤丸ポイントの中の■をプレスし、赤い矢印に添うように右下方向へドラッグします。緑の点線に合わせた長方形が描かれます 1・2 。

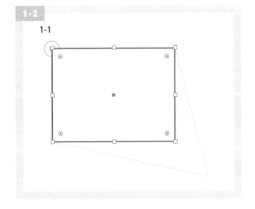

[**ダイレクト選択ツール**]を選んで 、画面上の長方形以外の位置をクリックして、長方形の選択を解除します。長方形の右下頂点のアンカーポイントにカーソルを合わせると、頂点のアンカーポイントが強調されて表示され、カーソルのアイコンも楔型の右下に小さな白い正方形が表示された状態になります 1・4 。アンカーポイントが強調されていることを確認したらそのままマウスをプレスし、水色の点線に沿うような形になるように右下方向へドラッグします 1・5 。ドラッグを終えると、長方形から右下の頂点だけが伸びた四角形に変わります 1・6 。

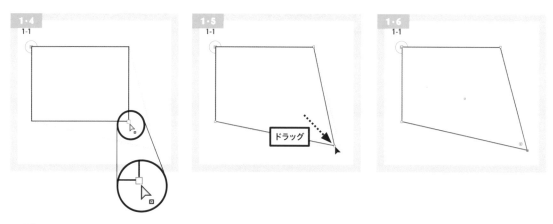

TIPS ［ダイレクト選択ツール］使用の前に必ず選択を解除する

［長方形ツール］で描いた直後は、長方形のオブジェクト全体が選択された状態になっています。特定のアンカーポイントのみを選択し直すときにはいったん選択を解除します。

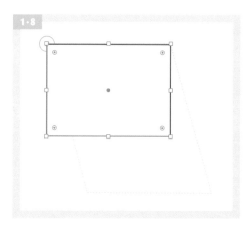

［**長方形ツール**］を選びます 1・7 。課題ファイル「1-2」の赤丸ポイントの中の■をプレスし、赤い矢印に添うように右下方向へドラッグします。緑の点線に合わせた長方形が描かれます 1・8 。

[**ダイレクト選択ツール**]を選んで 1·9 、画面上の長方形以外の位置をクリックして、長方形の選択を解除します。長方形の下側の辺上にカーソルを合わせると、カーソルのアイコンが楔型の右下に小さな黒い正方形が表示された状態になります 1·10 。カーソルの形状を確認したらそのままマウスをプレスし、水色の点線に沿うような形になるように右下方向へドラッグします 1·11 。ドラッグを終えると、長方形が平行四辺形に変わります 1·12 。

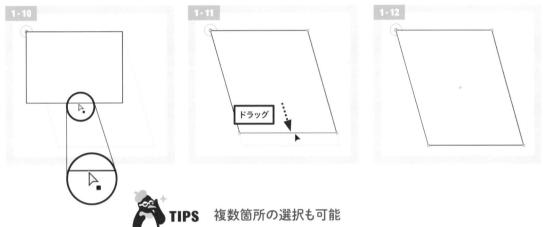

TIPS　複数箇所の選択も可能

ここでは1箇所のアンカーポイントや辺を選択してドラッグすることで変形させていますが、[ダイレクト選択ツール]では複数のアンカーポイントや辺を選択して変形することもできます。複数箇所を選択したいときは、shiftキーを押しながらクリックを続けて範囲を指定します。

2　曲線を部分的に調整する

[**鉛筆ツール**]を選びます 2·1 。課題ファイル「2」の赤丸ポイントの中の■をプレスし、緑の点線に合わせてドラッグして曲線を描きます 2·2 。

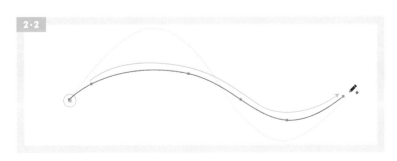

TIPS

このあとの操作は、[鉛筆ツール]で描かれたパスの状態によってアンカーポイントの位置などが異なります。
図版を参照しながら手元のデータで操作をすすめてください。

2·2 で描いた曲線を、水色の点線の位置に合うように部分的に調整していきます。[**ダイレクト
選択ツール**]を選びます 2·3 。水色の曲線の左上の山にもっとも近い箇所にあるアンカーポイン
トをクリックして選択します 2·4 。選択されたアンカーポイントは、塗りつぶされた正方形で表示
され、両端に曲線の向きや曲率をコントロールするための方向線とハンドルが表示されます 2·5 。

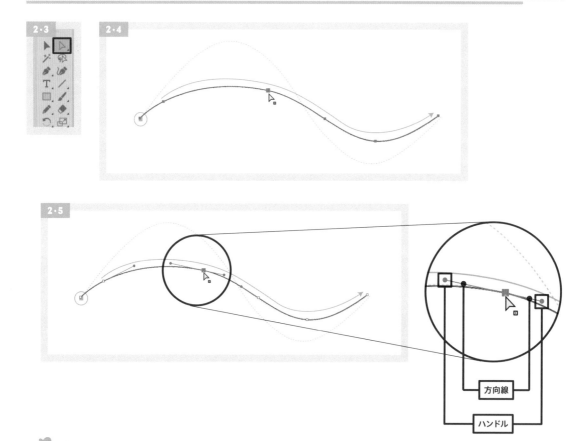

TIPS　表示される方向線のハンドルを使って曲線の向きや長さを調節する

曲線パスのアンカーポイントを選択すると、方向線とハンドルが表示されます。

アンカーポイントをドラッグして、水色の点線の山の頂点部分に位置を合わせます 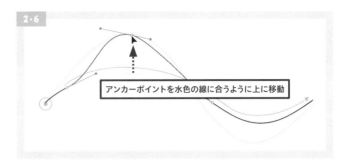。

続いて水色の線の右下の谷にもっとも近い箇所にあるアンカーポイントをクリックして選択し、水色の点線に重なるようにドラッグします 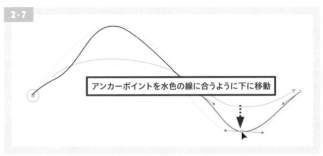。

パスやハンドルではなく、アンカーポイント自体を選択してドラッグするように注意してください。

2·6 アンカーポイントを水色の線に合うように上に移動

2·7 アンカーポイントを水色の線に合うように下に移動

同様に、パス上のそれぞれのアンカーポイントをクリックして選択し、水色の点線に重なるようにドラッグして位置を合わせます 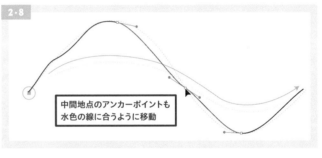。

2·8 中間地点のアンカーポイントも水色の線に合うように移動

アンカーポイントの位置すべてを水色の点線上に重ね合わせたら、それぞれのアンカーポイントのハンドルをドラッグして、線の向きや曲がり具合を調整します 。

2·9 ハンドルを調整して水色の線に合わせる

方向線を伸ばすようにハンドルをドラッグするとパスの曲線が緩やかになり、方向線を短くするとパスは直線に近くなります 2·10 2·11 。

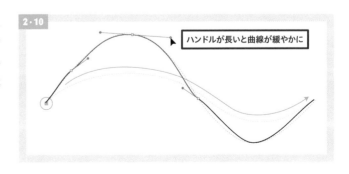
2·10 ハンドルが長いと曲線が緩やかに

1

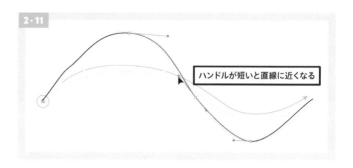

それぞれのアンカーポイントの方向線を調整して、水色の点線に線が添うように調整します 2・12 。

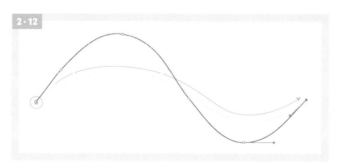

完成図

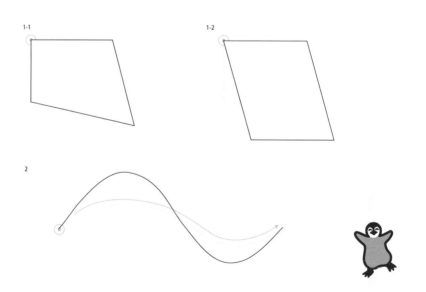

このSTEPで使用する
主な機能

長方形ツール

楕円形ツール

多角形ツール

選択ツール

グループ

グループ選択ツール

STEP 8

図形をグループとして扱ってみよう

動画で確認

複数の図形をまとめて1つの図形のように扱える機能が「グループ」です。グループ機能をマスターすると、図形を効率よく操作できるようになります。

準備

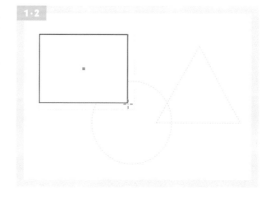

□ sample/level2/STEP02-08.ai

「初期設定の塗りと線」をクリック

事前準備

課題ファイル「STEP02-08.ai」を開きます。複数の図形を描くための下絵が用意されたファイルが表示されます。
[**ツールバー**]の「初期設定の塗りと線」をクリックして、初期設定の状態に指定しておきましょう。

図形をマスターしよう

LEVEL
2

1

1 3種の図形を描いてグループ化する

課題ファイル「1」の緑の点線に合わせて、長方形・円・三角形を描きます。それぞれ[**長方形ツール**][**楕円形ツール**][**多角形ツール**]を使用します 1·1 1·2 。

1·1

□	長方形ツール (M)
□	角丸長方形ツール
○	楕円形ツール (L)
○	多角形ツール
☆	スターツール
◎	フレアツール

1·2

描いた図形が緑の点線からずれたりサイズが合わなかったときは、[**選択ツール**]（▶）で図形を移動したり、図形のバウンディングボックスを操作してサイズを調整します 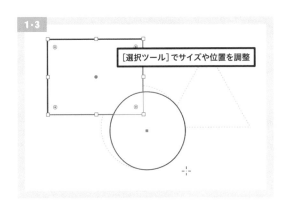  。

［選択ツール］でサイズや位置を調整

多角形

半径：73 px

辺の数：3

キャンセル　　OK

三角形は［多角形ツール］で作成

3つの図形が描けたら 1·5 、[**選択ツール**]で図形以外の場所をクリックしていったん選択を解除しておきます 1·6 。

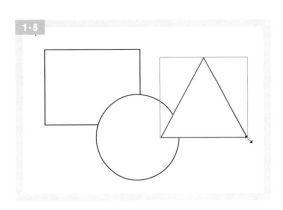

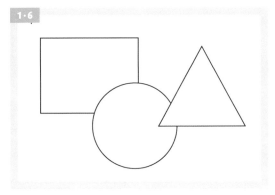

この課題ファイルでは描きはじめの赤丸ポイントはありません。これまでの復習と考えてどこからドラッグをはじめるか、クリックするかを考えながら描いてみましょう。

[**選択ツール**]で3つの図形すべてが部分的に重なるような範囲をドラッグして、3つの図形全体を選択します 1·7 。[**オブジェクト**]メニュー→[**グループ**]を実行すると、3つの図形が1つのグループに変わります 1·8 。

[**選択ツール**]で図形以外の場所をクリックしていったん選択を解除し、再度グループ化した図形上をクリックすると、3つの図形のどの部分をクリックしても、グループ化している範囲全体が選択された状態になっていることを確認できます。

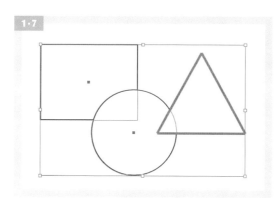

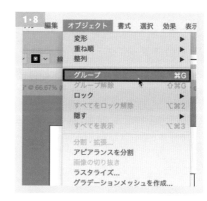

2　グループ内の図形を操作する

[**選択ツール**]でグループ内の図形上をダブルク
リックします。画面の表示が「グループ編集モー
ド」に変わります。「グループ編集モード」では
グループ外のアートワークが半透明で表示され、
ウィンドウの上部左端にレイヤーからの階層を
示すアイコンとテキストが表示されます **2·1** 。

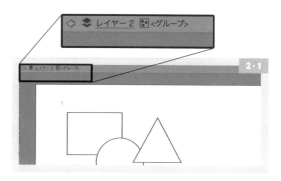

円形のオブジェクトをクリックして選択します **2·2** 。「グループ編集モード」では、グループ化を
保持したままでそれぞれの図形を個別に操作することができます。選択した円形のオブジェクトを、
課題ファイル「2」の中の緑点線の円形に位置が合うようにドラッグします **2·3** 。図形と重ならな
い位置でダブルクリックすると「グループ編集モード」が解除されます。

円形オブジェクトを選択

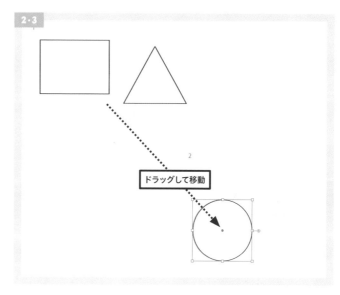

ドラッグして移動

［**選択ツール**］でいずれかの図形上をクリックすると、円形のオブジェクトは位置が離れた状態でグループ化されたままであることが確認できます ２・４ 。

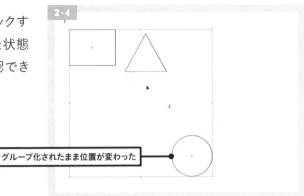

> グループ化されたまま位置が変わった

［**グループ選択ツール**］ ２・５ を選んで三角形のオブジェクトをクリックします ２・６ 。

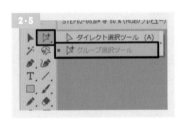

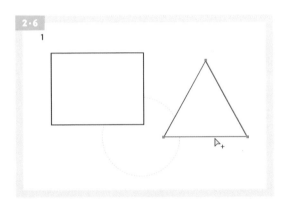

［**グループ選択ツール**］ではグループ化されているオブジェクトでもそれぞれのオブジェクトを個別に選択することができます。三角形を選択したら、課題ファイル「2」の中の緑点線の三角形に位置が合うようにドラッグします ２・７ 。

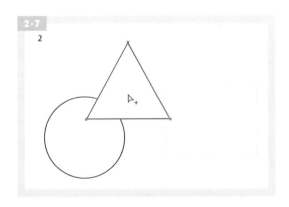

［**ダイレクト選択ツール**］を選びます ２・８ 。長方形のオブジェクトの中央部をクリックすると、長方形全体が選択された状態になります ２・９ 。内側が塗りつぶされているオブジェクトをクリックすることで、［**ダイレクト選択ツール**］でもグループ内のオブジェクトを個別に選択することができます。

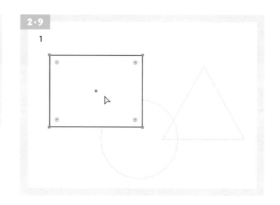

長方形を選択したら、課題ファイル「2」の中の
緑点線の長方形に位置が合うようにドラッグしま
す 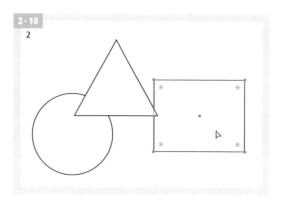 。

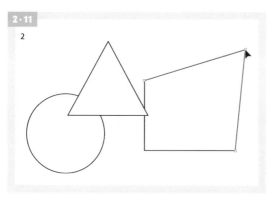

［ダイレクト選択ツール］は、
グループ化されているオブジ
ェクト内のアンカーポイントも、
それぞれ個別に操作できます。

完成図

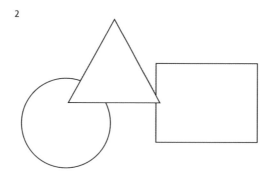

図形をマスターしよう

LEVEL
2

1

LEVEL 2

TEST

30分

図形を組み合わせて
イラストを描いてみよう

動画で確認
これまでマスターした図形に関するツールや操作を活用して、図形だけでシンプルなイラストを描いてみましょう。

このSTEPで使用する
主な機能

長方形ツール

楕円形ツール

選択ツール

鉛筆ツール

ダイレクト選択ツール

完成図

準備

📁 sample/level2/STEP02-TEST.ai

事前準備

課題ファイル「STEP02-TEST.ai」を開きます。イラストの下絵を描いたファイルが表示されます。[ツールバー]の「初期設定の塗りと線」をクリックして、初期設定の状態に指定しておきましょう。

「初期設定の塗りと線」をクリック

制作のためのヒント

1　最初に、下絵を見ながら「この部分はこのツール」と、使うツールを頭の中で確認しておきましょう。

2　絵柄の端から順番に描きすすめるのではなく、[**長方形ツール**][**楕円形ツール**]など、1つのツールで描けそうな部分をそれぞれまとめて描くようにすると、効率よく制作をすすめることができます。

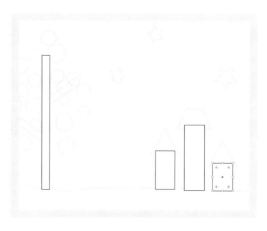

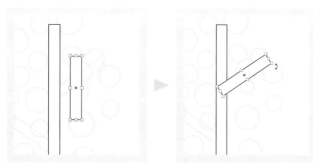

3　木の枝にあたる部分は、長方形を回転させるなど変形して表現します。

4　最初から厳密に下絵の緑の点線に合わせて図形を描かなくても、いったん描いた後で[**選択ツール**]などで位置やサイズを調整したほうが手軽に描けるでしょう。

5　木の葉にあたる正円は、ツールとキーボード操作を組み合わせて描きます。

6　描いた直後の図形は、選択された状態になっていて周囲にバウンディングボックスが表示されるため、すぐ近くに別のオブジェクトを描きにくい場合があります。その際は、離れた位置に描きはじめるか、[**選択ツール**]にいったん持ち替える(または[選択ツール]のキーボードショートカットcommandキーを押しながら)画面上をクリックして選択を解除するとよいでしょう。

図形をマスターしよう

LEVEL
2

1

7 三角形は「半径：48px」と指定すると下絵と同じ大きさになります。

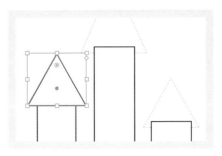

8 右下の家の台形の屋根は、長方形を描いたあとに[**ダイレクト選択ツール**]でアンカーポイントをドラッグして形を変えます。

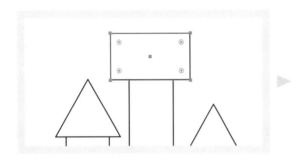

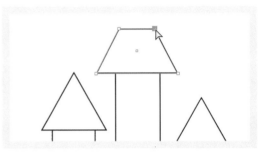

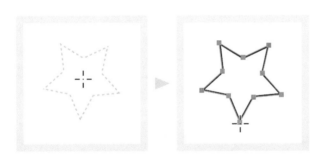

9 [**スターツール**]は、下絵の星形の中心部からドラッグを開始して、下絵に合わせて星形のオブジェクトの向きが調整されるようにドラッグします。

LEVEL 3

線と塗りを
マスターしよう

LEVEL 3では、Illustratorで描いた図形や線に色や塗りを追加して、アレンジする方法を解説します。線の太さや色を変えたりするのはもちろん、描いた線を破線にしたり、直線を矢印にするのもIllustratorならカンタン。図形と線のアレンジをマスターすれば、複雑に見えるロゴやイラストも楽に作成できるようになります。

このSTEPで使用する
主な機能

スウォッチパネル

選択ツール

長方形ツール

楕円形ツール

鉛筆ツール

STEP **1**

図形の線と塗りの色を指定しよう

動画で確認

図形は、輪郭を表す「線」とその内側の領域「塗り」にそれぞれ別の色やパターンなどを指定することができます。線と塗り、それぞれの色を指定する方法をマスターしましょう。

準備

□ sample/level3/STEP03-01.ai

事前準備

課題ファイル「STEP03-01.ai」を開きます。長方形などの図形を描くための下絵が用意されたファイルが表示されます。
[**ツールバー**]の「初期設定の塗りと線」をクリックして、初期設定の状態に指定しておきましょう。

「初期設定の塗りと線」をクリック

---

1 長方形の線と塗りを指定する

[**長方形ツール**]（□）を選びます。課題ファイル「1」にある緑の点線に合わせて長方形を描きます。

長方形の選択を解除すると、描かれた長方形は初期設定のカラーで指定された輪郭線が黒、内側の塗りの領域が白の状態になっていることがわかります。 1·1 。[**ツールバー**]の「初期設定の塗りと線」の設定通りに描かれています 1·2 。

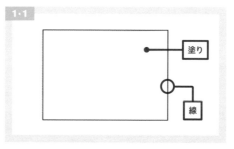

1·1

塗り

線

長方形以外の箇所をクリックして選択を解除した状態です。

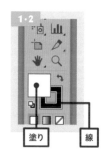

1·2

塗り

線

長方形の線と塗りを別の色に変更してみましょう。［**選択ツール**］（▶️）で長方形をクリックして選択します `1・3`。［**スウォッチパネル**］で「塗り」のサムネールをクリックして、スウォッチの中から「RGB イエロー」をクリックします `1・4`。長方形の塗りが黄色に変わります `1・5`。

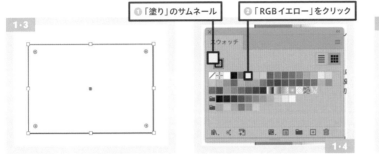
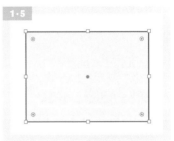

① 「塗り」のサムネール　② 「RGB イエロー」をクリック

スウォッチにポインタを重ねると「色名」が表示されます（27ページの「ツールヒントを表示」をチェックしている場合）。

 TIPS　スウォッチパネルの塗りと線

［スウォッチパネル］では、サムネールの「塗り」「線」どちらが有効になっているかで設定する対象が変わります。有効になっている項目は、パネル上でサムネールが前面に表示されています。

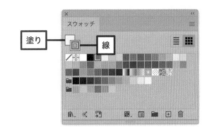

塗り　　線

① 「線」のサムネールをクリック

② 「RGB レッド」をクリック

続いて［**スウォッチパネル**］の「線」のサムネールをクリックして、「RGB レッド」をクリックします `1・6`。長方形の線の色が赤に変わります `1・7`。

`2` **円の塗りだけを指定する**

［**楕円形ツール**］（⬭）を選びます。課題ファイル「2」の緑の点線に合わせて正円を描きます。長方形に指定した塗りと線がそのまま円にも適用されて描かれます `2・1`。

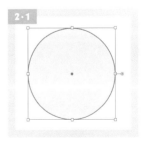

[**スウォッチパネル**]で「線」のサムネールが前面にあることを確認し、スウォッチの中から「なし」をクリックして選びます `2・2` 。円形の選択を解除すると、円の輪郭線の赤色が消え、内側の黄色の塗りだけの状態になります `2・3` 。

3 曲線の線と塗りを指定する

[**鉛筆ツール**](✏️)を選びます。課題ファイル「3」の緑の点線に合わせて曲線を描きましょう。[**鉛筆ツール**]の初期設定は、「塗り」は「なし」ですが、 `2・2` の工程で線の設定を「なし」としていたため、ここでは線も「なし」の状態で描かれています `3・1` 。

[**スウォッチパネル**]で「線」のサムネールが前面にあることを確認して、スウォッチの中から「RGB ブルー」をクリックして選びます。曲線パスが青色に変わります `3・2` 。

[**スウォッチパネル**]で「塗り」のサムネールをクリックし、「RGB シアン」をクリックします。描いた曲線を輪郭として、両端をつないだ領域の内側が水色で塗りつぶされました `3・3` 。

TIPS どうして塗りつぶされたの?

オープンパスに「塗り」を指定すると、パスの両端をつないだ領域内に「塗り」が適用されます。

完成図

LEVEL 3

STEP 2

10分

線の太さや位置を変えてみよう

このSTEPで使用する
主な機能

線パネル

スウォッチパネル

長方形ツール

鉛筆ツール

動画で確認

線の太さをIllustratorでは「線幅」と呼んでいます。線幅を変えることで、図形のイメージが大きく変わることもあります。線端の形や線幅を部分的に変える方法もあわせてマスターしましょう。

準備

📁 sample/level3/STEP03-02.ai

事前準備

課題ファイル「STEP03-02.ai」を開きます。長方形などの図形を描くための下絵が用意されたファイルが表示されます。
[**ツールバー**]の「初期設定の塗りと線」をクリックして、初期設定の状態に指定しておきましょう。

「初期設定の塗りと線」をクリック

線と塗りをマスターしよう

LEVEL
3

1 線幅と線の位置を調整する

[**長方形ツール**]を選びます `1·1` 。課題ファイル「1-1」の緑の点線に合わせた長方形を描き、[**スウォッチパネル**]で線の色を「RGB ブルー」に設定します `1·2` 。

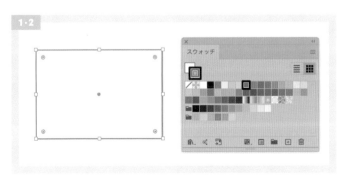

2

1

093

[**線パネル**]で「線幅」のプルダウンメニューから「20pt」を選択します 。長方形の輪郭線の幅が、20ptの太さに変わります  。

COLUMN 線パネルがどこにもない!?

[線パネル] は [ウィンドウ] メニューから [線] を選んで表示できます。これ以降 [線パネル] に限らず、さまざまなパネルを操作します。「○○パネル」と指定があったら、[ウィンドウ] メニューから選択して表示しましょう。

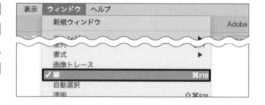

[線パネル] が表示されたら [オプションを表示] を選択して、オプション項目も設定できる状態にしておきましょう。

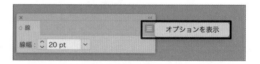

[線パネル] での「線幅」の設定は、プルダウンメニューだけでなく、数値を直接入力したり、数値欄左側の上下ボタンをクリックすることでも行えます。

続いて課題ファイル「1-2」の緑の点線に合わせた長方形を描きます。課題ファイル「1-1」と同様に20ptの線幅で長方形が描かれます。 1·4 と同じように長方形の輪郭を示すパスを起点に、その内側に20ptの太さで線が描かれた状態になっています 1·5 。

[**線パネル**]で「線の位置」を確認すると、現在は初期設定の「線を内側に揃える」が選ばれた状態になっています。「線を外側に揃える」をクリックして設定を変えると 1·6 、パスを起点として外側に20ptの太さの線が描かれた状態になります 1·7 。

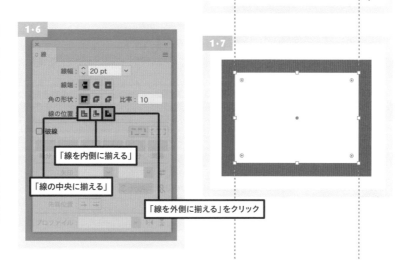

1·5

1·6

1·7

「線を内側に揃える」

「線の中央に揃える」

「線を外側に揃える」をクリック

TIPS 線の位置の変化をマスターしよう

同じ長方形のオブジェクトでも、線の位置を変えることで外観が大きく変化します。[線パネル]で「線の位置」を「線の中央に揃える」と指定すると、パスを起点としてその両側に均等に20ptの太さの線が表示されます。

2 線端と角の形を調整する

[**鉛筆ツール**]を選びます 2·1 。課題ファイル「2」の緑の点線に合わせて角のある線を描きます。青色の20ptの線幅で角のある線が描かれます 2·2 。

2·1

2·2

［**線パネル**］で、「線端」を「丸型線端」に、「角の形状」を「ラウンド結合」に変更します 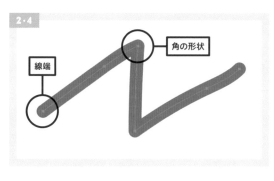 。
線の端が半円に、また角の形も丸く変わります 2·4 。

TIPS　線端や角を変えるだけで雰囲気がガラリと変わる

［線パネル］での
設定を「線端：突
出線端」「角の形
状：ベベル結合」
とすると、線端や
角の外観はまた
変化します。

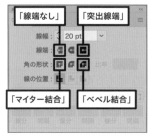

3　線の太さを部分的に変える

課題ファイル「3」の緑の点線に合わせて、［**鉛筆ツール**］ 3·1 でドラッグして曲線を描きます。青
色の20ptの線幅で曲線が描かれます 3·2 。

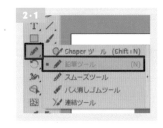

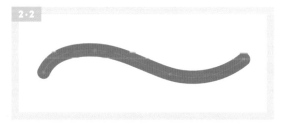

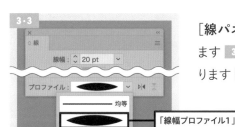

[**線パネル**]の「プロファイル」で「線幅プロファイル1」を選びます 。均等だった線幅が、始点と終点が細い状態に変わります 3·4 。

 TIPS プロファイル設定は表現の強い味方

[線パネル]の「プロファイル」で選択する項目を変更することで、部分的な太さの変化の仕方が変わります（どちらの図も線幅の設定は20ptです）。

このプロファイル設定を活用することで、線にさまざまな表情を出すことができます。

線と塗りをマスターしよう

LEVEL
3

2

1

STEP 3

直線を矢印にしよう

動画で確認

解説図などで活躍する矢印をIllustratorで描きたいときは、
[線パネル] で設定すればOK。線端にイメージに合わせた
矢印を追加する方法をマスターしましょう。

準備

📁 sample/level3/STEP03-03.ai

事前準備

課題ファイル「STEP03-03.ai」を開きます。直
線を描くための下絵が用意されたファイルが表
示されます。

---

1 直線の終点を矢印にする

[**直線ツール**]を選びます `1·1` 。課題ファイル「1」の緑の点線に合わせてドラッグし、水平なパ
スを描いたら、[**スウォッチパネル**]で「塗り：なし、線：RGBレッド」に設定します `1·2` 。

shiftキーを押しながら[直線ツール]でドラッグで水平線が簡単に描ける

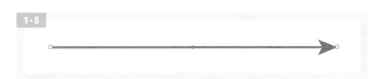

描いた直線が選択された状態のままで、[**線パネル**]で「線幅：3pt」に設定します。線の太さが変化します 1・3 。

続いて[**線パネル**]の「矢印」のパスの終点に適用する項目をクリックして、表示されるプルダウンから「矢印2」を選択します 1・4 。水平線の右端に矢印のマークが追加されます 1・5 。

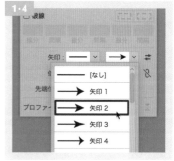

1・5

TIPS 矢印のはじまり位置も変更できる

初期設定の状態では、パスのアンカーポイントの内側の位置に矢印のマークが表示された状態になります。[線パネル]の「先端位置」で「矢の先端をパスの終点から配置」に変更すると、矢印のマークがパスのアンカーポイントの外側の位置に変わります。

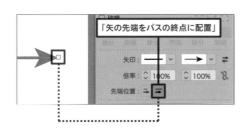

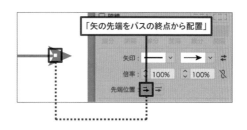

2 直線の始点を矢印にしてサイズを調整する

[**直線ツール**](✎)を選びます。 1・2 と同様に、課題ファイル「2」の緑の点線に合わせてドラッグし、水平なパスを描きます。
前回の描画の設定が残っているため、「塗り：なし、線：RGBレッド」「線幅：3pt」で線が描かれました 2・1 。

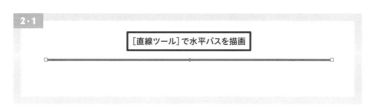

線と塗りをマスターしよう

LEVEL
3

2

1

099

［**線パネル**］で「線幅：8pt」に変更します。「矢印」のパスの始点に適用する項目をクリックして、表示されるプルダウンから「矢印2」を選択します  。
水平線の左端に矢印のマークが追加されます。同じ「矢印2」でも、適用されるパスの線幅によって、矢印のマークの大きさが変わります **2・3** 。

［**線パネル**］で「倍率」の「矢印の始点の拡大・縮小率」を「50%」に設定します  。
矢印のサイズが縮小されて表示されます **2・5** 。

3 直線の両端を矢印にする

［**直線ツール**］（ ✏ ）を選びます。 **2・1** と同様に、課題ファイル「3」の緑の点線に合わせてドラッグし、水平なパスを描きます。前回の描画の設定が残っているため、「塗り：なし、線：RGB レッド」「線幅：8pt」で線が描かれます **3・1** 。

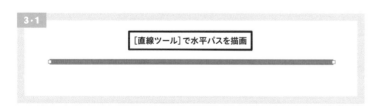

[**線パネル**]で「矢印」の始点・終点それぞれのプルダウンから、線の両端に異なる矢印のマークを指定します 。
どちらかを「羽」のマークに設定すると、線を矢のイメージにアレンジできます 3・3 。

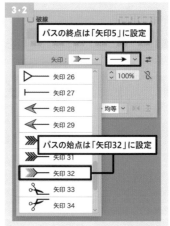

完成図

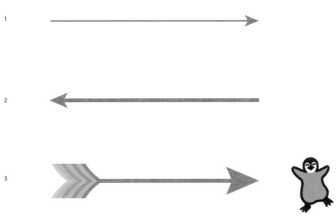

線と塗りをマスターしよう

LEVEL
3

2

1

TIPS 曲線もアレンジ可能

ここでは直線パスを矢印にアレンジしましたが、曲線でもオープンパス（165ページ参照）であれば両端に矢印のマークを追加することができます。

LEVEL 3

STEP 4

このSTEPで使用する
主な機能

線パネル

スウォッチパネル

スターツール

鉛筆ツール

図形の輪郭を
破線にしよう

動画で確認　地図で線路を示したり、図解では線種の違いで意味を変えるなど、
破線はさまざまな場面で活躍します。必要なときに自由に破線が描
けるように、Illustratorでの破線の描き方をマスターしましょう。

準備

📁 sample/level3/STEP03-04.ai

事前準備

課題ファイル「STEP03-04.ai」を開きます。星形
や曲線を描くための下絵が用意されたファイルが
表示されます。

1　輪郭線を破線にする

[**スターツール**] 1·1 を選びます。課題ファイル「1」の星形の緑の点線中心部をクリックします。
表示される[**スターダイアログ**]で「第1半径：140px、第2半径：70px、点の数：5」と入力して
星形のオブジェクトを描きます 1·2 。

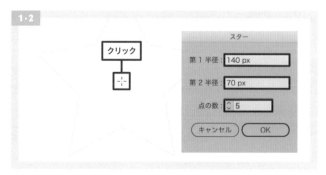

描いた図形は、[**スウォッチパネル**]で「塗り：RGB イエロー、線：RGB ブルー」 `1・3` 、[**線パ**
ネル]で「線幅：6pt」と設定します `1・4` `1・5` 。

[**線パネル**]で「破線」オプション
をチェックして、最初の「線分」の
欄に「12pt」と入力します `1・6` 。
星形の輪郭線が、12ptの長さの線
分と間隔が指定された破線に変わ
ります `1・7` 。

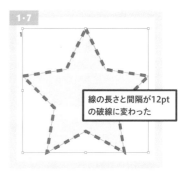

線の長さと間隔が12pt
の破線に変わった

 TIPS　線分のみ入力すると「線分」と「間隔」が同じ値で設定される

[線パネル] の最初の「線分」欄にのみ数値を入力すると、その数値で線分と間隔が繰り
返された状態の破線になります。

破線を適用した星形の頂点の部分を確認すると、線分ではないところがちょうど角に来てしまった
り、線分の端がかかってしまうなどあまりきれいな状態ではありません `1・8` 。
[**線パネル**]の「コーナーやパス先端に破線の先端を整列」オプションをチェックすると `1・9` 、頂
点に線分の中央が来るように調整されて美しい破線の輪郭になります `1・10` 。

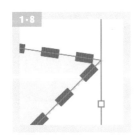

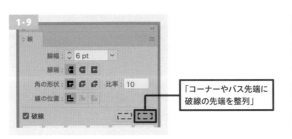

「コーナーやパス先端に
破線の先端を整列」

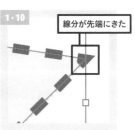

線分が先端にきた

TIPS 「コーナーやパス先端に破線の先端を整列」が選択できない

「コーナーやパス先端に破線の先端を整列」が選択できないときは、[線パネル]の「線の位置」が「線を中央に揃える」になっているか確認しましょう。

2 破線の線分と間隔を指定する

課題ファイル「2」の星形の緑の点線中心部を[**スターツール**]でクリックして、 1・2 と同じ設定で星形のオブジェクトを作成します。 1・6 までの「塗り」「線」の設定が踏襲された星形のオブジェクトが描かれます。

TIPS 初期設定は「線分と間隔の正確な長さを保持」

[線パネル]の「コーナーやパス先端に破線の先端を整列」のチェックは解除され、初期設定の「線分と間隔の正確な長さを保持」が選択された状態になっています。

[**線パネル**]で「線分：20pt」に変更し、「間隔：4pt」と入力します 2・1 。
星形オブジェクトの輪郭線が、線分が長く間隔は短い破線に変わります 2・2 。

[**線パネル**]でさらに「線分」「間隔」の空欄にそれぞれ「6pt」「4pt」と入力します 2・3 。
星形オブジェクトの輪郭線は、長い線分と短い線分が等間隔を置いて繰り返される破線に変わります 2・4 。

TIPS 破線の長さと間隔をアレンジする

［線パネル］の「線分」と「間隔」の値を調整することで、いろいろな破線を表現することが
できます。基本的に、入力されている数値を繰り返して線分や間隔を適用した破線になります。

3 丸点線を描く

［**鉛筆ツール**］（ ✏️ ）で課題ファイル「3」の緑の
曲線に合わせてドラッグして、曲線を描きます
3·1 。描かれた曲線は、 2·3 の破線の設
定が適用された状態で表示されます（［鉛筆ツー
ル］は自動的に「塗りなし」で設定されます）。

［**線パネル**］で、「線端」を「丸型線端」に変更
します。また、「破線」の数値は「線分：0pt、間
隔：12pt」と設定します 3·2 。
線端を円形に設定して線分の長さを「0」とする
ことで、丸点線を表現できます 3·3 。

3·1

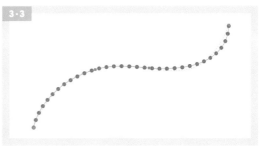
3·3

3·2

完成図

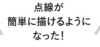
点線が
簡単に描けるように
なった！

線と塗りをマスターしよう

LEVEL
3

2

1

このSTEPで使用する
主な機能

消しゴムツール

はさみツール

ナイフツール

鉛筆ツール

楕円形ツール

長方形ツール

STEP 5

図形を部分的に
消してみよう

動画で確認

紙に書いた線を消しゴムで消すように、描いた図形は専用のツールで部分的に消すことができます。また、紙をハサミやカッターで切るように図形を分割することも可能です。

準備

📁 sample/level3/STEP03-05.ai

事前準備

課題ファイル「STEP03-05.ai」を開きます。円や不規則な形などを描くための下絵が用意されたファイルが表示されます。

1　消しゴムで自由に消す

[鉛筆ツール]（✎）で、課題ファイル「1」の緑の点線に合わせてドラッグし、 1・3 のような角丸の台形状のオブジェクトを描きます。オブジェクトが選択された状態で、[スウォッチパネル]で「塗り：RGBイエロー、線：RGB シアン」と設定して 1・1 、[線パネル]で「線幅：8pt」とします 1・2 。

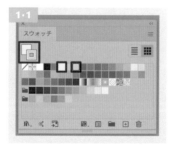

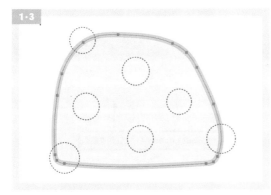

この課題ファイルでは、下絵の点線が描いているオブジェクトの
前面に重なって表示されるようになっています。

［消しゴムツール］を選びます 1・4 。青い点線で描かれている
円の内側を、消しゴムで消すようなイメージでドラッグします
1・5 。ドラッグした範囲の図形が部分的に消された状態にな
ります 1・6 。

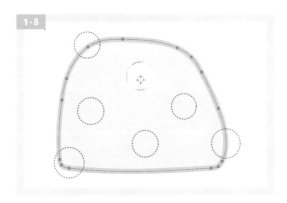

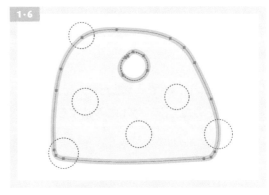

同様に［消しゴムツール］で青い点線の領域を
すべて削除します 1・7 。オブジェクトの内側
や輪郭線上が部分的に削られて、穴あきチーズ
のような外観になります。

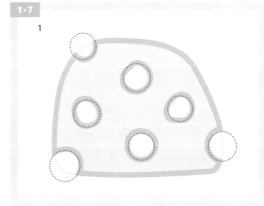

TIPS

［消しゴムツール］で消去できる範囲を変更
したいときは、［ツールバー］で同ツールアイ
コンをダブルクリックして［消しゴムツー
ルオプションダイアログ］を表示して調整し
ます。サイズや真円率などを変更できます。

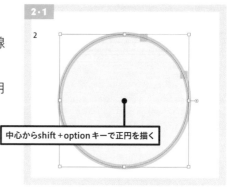

2 　輪郭線にはさみで切れ目を入れる

[**楕円形ツール**]（◯）で、課題ファイル「2」の緑の点線
に合うように正円を描きます **2·1** 。
描かれた円は、 **1·3** での「塗り」と「線」の設定が適用
された状態になっています。

[**はさみツール**] **2·2** を選んで、下絵の青いポイント■2箇所を順番にクリックします **2·3** 。ク
リックした位置でパスが分割された状態になります **2·4** 。

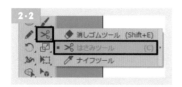
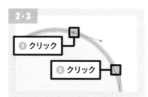
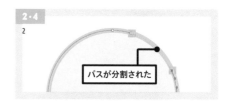

[**選択ツール**]（▶）で分割したパスをクリックすると、円周から分断されていることが確認できます
2·5 。そのままドラッグして移動することもできるようになります **2·6** 。

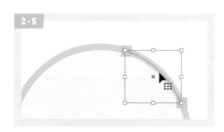
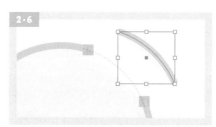

3 　図形をナイフで切り分ける

[**長方形ツール**]（▢）で、課題ファイル「3」の緑の点線
に合うように長方形を描きます。描かれた長方形は、これま
での「塗り」と「線」の設定が適用された状態になっていま
す **3·1** 。

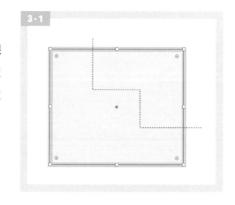

［**ナイフツール**］を選びます  。

下絵の青い点線に沿うように階段状にドラッグします。長方形からはみ出す位置からドラッグを始め、同様に長方形からはみ出す位置でドラッグを終了します 3・3 。

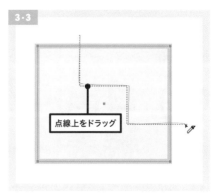

点線上をドラッグ

ドラッグを終えると、ドラッグした軌跡を境界として長方形が分割されます 3・4 。［**選択ツール**］を選択して長方形以外の箇所をクリックすると全体の選択がいったん解除されます。境界線の右上のオブジェクトをドラッグすると、長方形が2つに分割されたことが確認できます 3・5 。

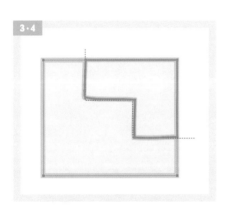

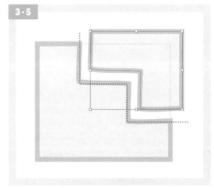

完成図

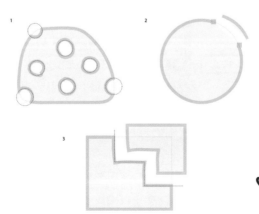

2

1

このSTEPで使用する
主な機能

カラーパネル

スウォッチパネル

楕円形ツール

多角形ツール

選択ツール

STEP 6

自由に色を
編集しよう

動画で確認

［スウォッチパネル］から選ぶだけでなく、自由に好みの色をオブジェクトに指定できます。好みの色に編集する方法をマスターしましょう。

完成図

準備

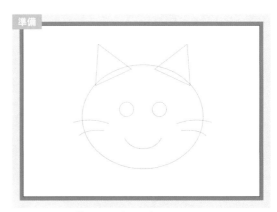

📁 sample/level3/STEP03-06.ai

事前準備

課題ファイル「STEP03-06.ai」を開きます。この課題ファイルは、オブジェクトに色を指定した後も見やすいように下絵の線はグレーで描かれています。［ツールバー］の「初期設定の塗りと線」をクリックして、初期設定の状態に指定しておきましょう。

「初期設定の塗りと線」をクリック

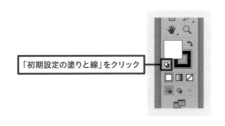

1 猫の輪郭を描いて色を指定する

［**楕円形ツール**］（⬭）を選択し、下絵の猫の顔の楕円形の線に合うように楕円形を描きます。［**スウォッチパネル**］でいったん「線：なし、塗り：RGB イエロー」と指定します 1·1 。楕円形が黄色で塗りつぶされます 1·2 。

[**カラーパネル**]で「R」「G」「B」それぞれのスライドバー下の「▲」アイコンをドラッグします。ドラッグすることでレッド／グリーン／ブルーそれぞれの割合が変化し、楕円形の色が変わります。スライドバーを操作して、好きな色になるように調整します 1・3 。この作例では、「R:242、G:185、B:68」と設定しました 1・4 。

TIPS

スライドバーの「▲」アイコンを右方向へドラッグすると「R」「G」「B」それぞれの含まれる割合が多くなり、3つのバーすべてのスライドバーを右端（最大値）に設定すると「白」になります。「▲」アイコンを左方向へドラッグすると「R」「G」「B」それぞれの含まれる割合が少なくなり、すべてのスライドバーを左端（0）に設定すると「黒」になります。

[**多角形ツール**]（⬡）で猫の耳にあたる下絵の中央部をクリックします。表示される[**多角形ダイアログ**]で「半径：85px、辺の数：3」を入力して三角形を作成します 1・5 。[**選択ツール**]（▶）でバウンディングボックスを操作して、下絵に合うように位置や角度などを調整します 1・6 。

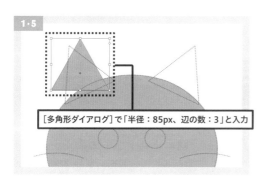

[多角形ダイアログ]で「半径：85px、辺の数：3」と入力

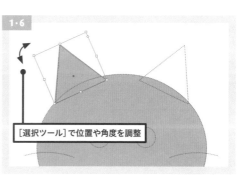

[選択ツール]で位置や角度を調整

2

1

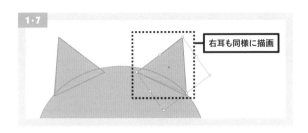

右耳も同様に描画

再度[**多角形ツール**]で右側の耳も 1·6 と同様に描きます 1·7 。[**カラーパネル**]で指定した色は、別のオブジェクトを描くときも設定が継承されます。

2 猫の目を描いて色を指定する

[**選択ツール**]で余白をクリックしてオブジェクトの選択を解除し、[**カラーパネル**]で別の色を設定します。パネル下部の「RGBスペクトル」内にカーソルを重ねると、アイコンがスポイトの形状に変わります。青色のエリアでクリックすると、クリックした箇所の色がRGBそれぞれのスライドバーに取り出されます。続いて「G」のスライドバーを右方向へドラッグして、明るい青色になるように調整します 2·1 。求める色をスライドバーで一発で設定するのは難しいものです。あらかじめ[**スウォッチパネル**]で近い色味を指定して調整するか、「RGBスペクトル」で欲しい色味を指定してスライドバーで微調整すると、効率よく好みの色を設定できます。

RGBスペクトルで色を取り出せる

Gのカーソルをスライドして「148」に設定

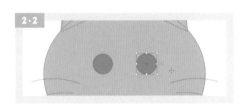

[**楕円形ツール**]を選択して、猫の目にあたる箇所に2つの円を描きます。あらかじめ設定していた青色で、円が塗りつぶされます 2·2 。

3 猫の口とヒゲを描いて色を指定する

[**選択ツール**]で余白をクリックしてオブジェクトの選択を解除し、[**カラーパネル**]で別の色を設定します。[**カラーパネル**]で「塗り：なし、線：R:255、G:0、B:0」と設定します。[**スウォッチパネル**]での設定と同じように、「線」の項目が前面になっていることを確認して色を編集します 3·1 。

[**鉛筆ツール**]（✏）を選んで、猫の口にあたる部分に曲線を描きます。設定していた赤色で線が描かれます。[**線パネル**]で「線幅：8pt、線端：丸型先端」に設定します 3·2 3·3 。

[**選択ツール**]で余白をクリックしてオブジェクトの選択を解除します。
[**カラーパネル**]で線の色を黒に変更します 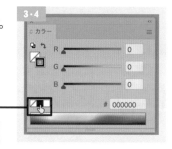 。
再度[**鉛筆ツール**]を選択して、猫にヒゲを描き足します。口の部分
で設定していた線幅や線端の形状が、そのまま適用されてヒゲが描
けます。

「黒」「白」「なし」は1クリックで設定できる

完成！

COLUMN ［カラーパネル］と［スウォッチパネル］を使い分ける

［カラーパネル］と［スウォッチパネル］はどちらもカラーを扱うパネルですが、用途は異なります。［カラーパネル］ではスライドバーで自由に色味を編集できますが、［スウォッチパネル］では指定できるカラーは限られています。

ただし［スウォッチパネル］では、［カラーパネル］で編集したカラーやグラデーションなどを新規スウォッチとして追加することができます。カラーをコレクションとして保持しておけるのが［スウォッチパネル］です。

このSTEPで使用する
主な機能

透明パネル

グループ化

選択ツール

カラーパネル

STEP 7

（20分）

図形を
半透明にしよう

動画で確認

描いた図形を重ね合わせると、通常は背面の図形は隠れて見えない状態になりますが前面の図形を半透明にすることで、背面にある図形が透かして見えるようになります。図形の透明度を変える方法をマスターしましょう。

完成図

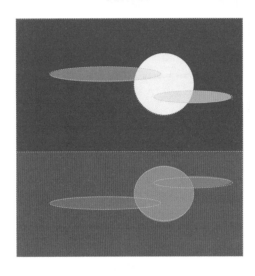

準備

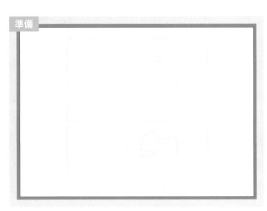

📁 sample/level3/STEP03-07.ai

事前準備

課題ファイル「STEP03-07.ai」を開きます。長方形と円などを描くための下絵が用意されたファイルが表示されます。水面に映る月と雲のイメージを図形で表現してみましょう。

1 月にかかる雲を半透明にする

[長方形ツール]（▢）で、下絵の上半分の位置を占める長方形を描きます。描いた長方形は[カラーパネル]で「塗り：R:0、G:0、B:145、線：なし」と設定します 1·1 。

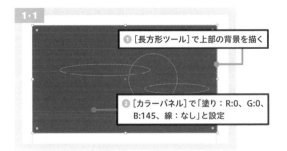

1·1

❶ [長方形ツール]で上部の背景を描く

❷ [カラーパネル]で「塗り：R:0、G:0、B:145、線：なし」と設定

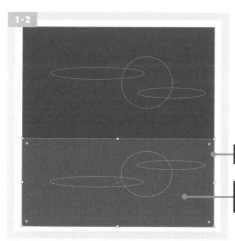

1·2

同じく[**長方形ツール**]で下絵の下半分を占める長方
形を描きます。この長方形は、「塗り：R:0、G:71、
B:145、線：なし」と設定します 1·2 。

① [長方形ツール]で下部の背景を描く

② [カラーパネル]で「塗り：R:0、G:71、B:145、
  線：なし」と設定

① [楕円形ツール]で月を描く

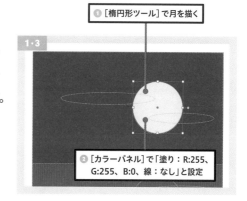

1·3

下絵の上部にある円形の線に合わせて、[**楕円形ツー
ル**]（○）で円を描きます。この円は[**カラーパネル**]で
「塗り：R:255、G:255、B:0、線：なし」と設定します。
夜空に浮かぶ月のようなイメージになります 1·3 。

② [カラーパネル]で「塗り：R:255、
  G:255、B:0、線：なし」と設定

① [楕円形ツール]で雲を描く

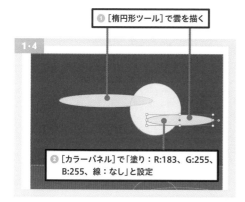

1·4

続いて[**楕円形ツール**]で、月にかかる雲を横長の楕
円形として描きます。この楕円形は「塗り：R:183、
G:255、B:255、線：なし」と設定します。円の右下位
置にも同じカラー設定で横長の楕円形を描き足します
1·4 。

② [カラーパネル]で「塗り：R:183、G:255、
  B:255、線：なし」と設定

最初に描いた横長の楕円形を[**選択ツール**]（▶）
でクリックして選択します。[**透明パネル**]で「不透
明度」項目右側の「>」アイコンをクリックすると
表示されるスライドバーを操作して、「不透明度：
50%」となるように調整します。選択していた楕円
形が半透明になり、背面の円が透かして見えるよう
になります 1·5 。

1·5

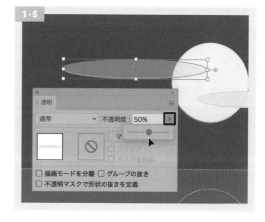

LEVEL
3

2

1

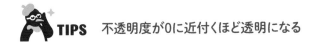

TIPS 不透明度が0に近付くほど透明になる

[透明パネル]の「不透明度」項目は、スライドバー操作のほか、直接数値を入力して不透明度を変更することもできます。不透明度は数値が0に近付くほど、透明になります。

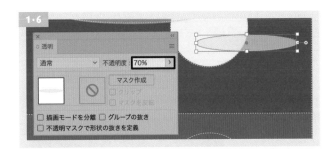

同様に円の右下位置の楕円形も「不透明度」を変更します。こちらは「不透明度：70%」と設定します。夜空の月に2つの雲がかかっているようなイメージが表現できます 1・6 。

2 グループ化している図形を半透明にする

[**選択ツール**]でshiftキーを押しながら円形と2つの楕円形を順にクリックして、3つの図形を選択します。マウスの右クリックで表示されるコンテキストメニューから「グループ」を選んで、3つの図形をグループ化します 2・1 。

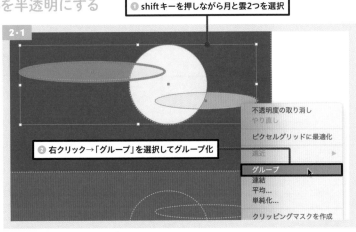

❶ shiftキーを押しながら月と雲2つを選択

❷ 右クリック→「グループ」を選択してグループ化

TIPS

shiftキーを押しながらクリックすると、複数の図形を選択することができます。

[**選択ツール**]のまま、optionキーを押しながら下方向にドラッグして、グループ化した図形全体を複製します 2・2 。

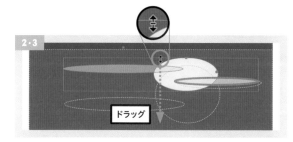

バウンディングボックスの上辺中央のハンドルを下方向にドラッグして、図形が垂直に裏返るような状態になるように変形させます `2・3` `2・4` 。

形状が反転したら、[**選択ツール**]で図形自体をドラッグして下絵に合わせて位置を調整します。

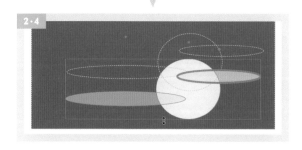

複製した図形を選択した状態で[**透明パネル**]を確認すると、「不透明度：100％」となっています。グループ化したオブジェクトは、グループに属するそれぞれのオブジェクトの不透明度は個々に設定されたままの状態で、さらにグループとしての不透明度が設定できます。「不透明度：40％」と設定して `2・5` 、図形の選択を解除します。夜空に浮かぶ月が水面に映っているようなイメージになります。

TIPS
個別に「不透明度：50％」と設定されている図形のグループに「不透明度：40％」と設定すると、50％×40％で実質「不透明度：20％」の外観と同様になります。

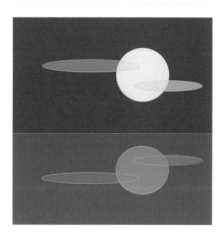

完成！

STEP 8

「描画モード」を マスターしよう

このSTEPで使用する
主な機能

透明パネル

描画モード

変形の繰り返し

長方形ツール

楕円形ツール

動画で確認

重ね合わせた図形の色を一定の法則で変化させて表示する機能が「描画モード」です。重なり合った図形の色を予想外の外観にアレンジすることができます。

完成図

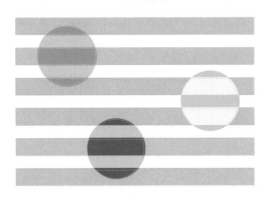

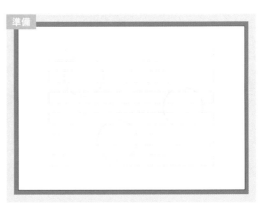

sample/level3/STEP03-08.ai

事前準備

課題ファイル「STEP03-08.ai」を開きます。ストライプ状に配置した長方形と円を描くための下絵が用意されたファイルが表示されます。

1 ストライプ模様と円を描く

[**長方形ツール**]（▢）で、下絵の最上段にある横長の長方形を描きます。描いた長方形は[**カラーパネル**]で「塗り：R:81、G:199、B:255、線：なし」と設定します 1・1 。

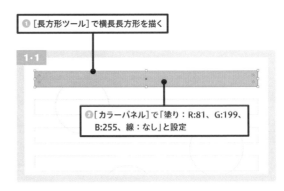

❶[長方形ツール]で横長長方形を描く

1・1

❷[カラーパネル]で「塗り：R:81、G:199、B:255、線：なし」と設定

［**選択ツール**］（ ▶ ）でshiftキーとoption（Win：Alt）キーを押しながら描いた長方形を下方向にドラッグして、垂直方向に複製を作成します `1・2` 。

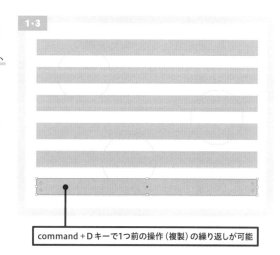

［**オブジェクト**］メニュー →［**変形**］→［**変形の繰り返し**］を実行すると1つ前の作業が繰り返され、長方形の複製が自動的に作成されます。もしくはcommand（Win：Ctrl）キー＋Dキーを押すことでも、同様に長方形が複製されます。長方形を6本作ってストライプ模様にしましょう `1・3` 。

command＋Dキーで1つ前の操作（複製）の繰り返しが可能

［**楕円形ツール**］（ ◯ ）で、下絵の左上の円形の緑の点線に合わせて円を描きます。描いた円は［**カラーパネル**］で「塗り：R:255、G:199、B:74、線：なし」と設定します。
［**選択ツール**］でoptionキーを押しながら円のオブジェクトをドラッグして、下絵に合わせて2箇所に複製を作成します `1・4` 。

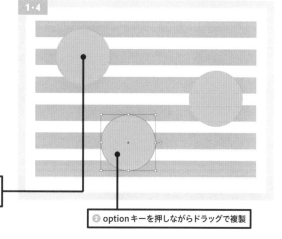

❶ ［楕円形ツール］で円を描いて［カラーパネル］で「塗りR:255、G:199、B:74、線なし」に設定

❷ optionキーを押しながらドラッグで複製

`2` 「描画モード」を変える

［**選択ツール**］で左上の円をクリックして選択します。［**透明パネル**］で「描画モード」のプルダウンメニューから「乗算」を選択します `2・1` 。
オレンジの円形がストライプと重なる部分だけ緑色のように表示されます。右側の円オブジェクトも、同様に「スクリーン」に、下の円は「差の絶対値」に設定します。ストライプの前面にカラフルに円形が重なっているパターンに仕上がります `2・2` 。

LEVEL
3

2

1

119

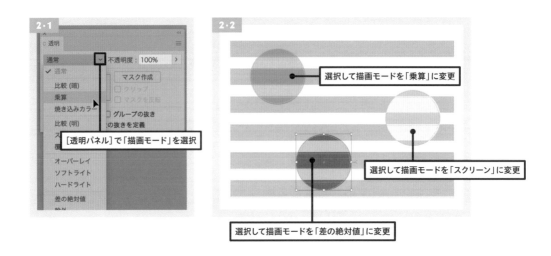

[透明パネル]で「描画モード」を選択

選択して描画モードを「乗算」に変更

選択して描画モードを「スクリーン」に変更

選択して描画モードを「差の絶対値」に変更

完成！

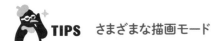 **TIPS** さまざまな描画モード

「描画モード」の「乗算」は、背面のオブジェクトの色に前面のオブジェクトの色を掛け合わせた色で表示する効果です。「描画モード」を初期設定の「通常」以外に設定すると、オブジェクト自体の色の設定は変化しませんが表示される色が変わります（色によっては外観が変化しない場合もあります）。「描画モード」は、重ね合わせる色によって外観がさまざまに変化します。ここで実行した以外の「描画モード」も試して、外観の変化を確認しましょう。

TEST

(30分)

カラフルなマークを描いてみよう

このSTEPで使用する
主な機能

スターツール

長方形ツール

カラーパネル

透明パネル

動画で確認

これまでマスターした塗りと線の設定やカラーの編集方法などを活用して、カラフルなマークを描いてみましょう。多くの図形が複雑に重なり合っているように見えますが、星と月のマークの背景は、スター形と正方形・円が4個重なっているだけです。

完成図

線と塗りをマスターしよう

LEVEL
3

2

1

事前準備

課題ファイル「STEP03-TEST.ai」を開きます。
マークの下絵を描いたファイルが表示されます。

準備

sample/level3/STEP03-TEST.ai

制作のためのヒント

1　一番背面になる図形から描き始めます。順序は、スター形→大きな正方形→小さめの正方形→正円となっています。

2　最背面のスター形は、[**スターツール**]で「第1半径：120px、第2半径：110px、点の数：30」と指定すると下絵と同じ形状になります。

3　最背面のスター形は、カラーの設定は「塗り：R:0 G:0 B:181、線：R:0 G:152 B:230」とします。また「線幅：8pt」として「線の位置：線を外側に揃える」と設定すると、作例の外観になります。

4 スター形のすぐ前面に大きめの正方形を描きます。いったん正方形を描いた後、菱型の外観になるようにバウンディングボックスでコーナーポイントをドラッグして図形を回転させます。

5 スター形のすぐ前面の大きめの正方形は、カラーの設定を「塗り：R:124 G:227 B:122、線：なし」とします。また「描画モード：輝度」と設定すると、背面のスター形と重なり合った部分の色が変化して、図形が多く重なり合っているような印象になります。

6 小さめの正方形のカラー設定は、「塗り：R:51 G:216 B:190、線：白（R:255 G:255 B:255）」とします。また「線幅：8pt」として「線の位置：線を外側に揃える」とし、「不透明度：56%」と設定すると、さらに複雑な色合いになります。

LEVEL
3

2

1

7 小さめの正方形の前面に描く正円は、「塗り：R:0 G:0 B:96、線：白（R:255 G:255 B:255）」とします。また「線幅：4pt、線端：丸型線端」として「破線」の設定をします。さらに「線分：0pt、間隔：10pt」として丸点線で円形の輪郭が描かれるように設定します。

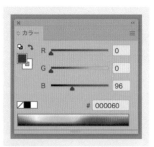

8 前面の月の形は、円形の図形を[**ナイフツール**]で部分的に切り取って描きます。「塗り：R:255 G:216 B:0、線：なし」として正円を描き、正円が選択されている状態で[**ナイフツール**]で切れ目を入れます。いったん全体の選択を解除してから半分の領域を選択して削除します。[**ナイフツール**]は全体に適用されないように、正円だけが選択された状態で使用しましょう。

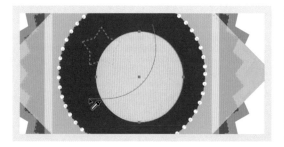

9 最後に星を描いて仕上げます。「第1半径：22px、第2半径：13px、点の数：5」として星を描くと、下絵と同じ形状・サイズになります。カラーは月のオブジェクトと同じ設定とします。

初級
BEGINNER

LEVEL
4

文字入力を
マスターしよう

バナーやチラシ、ロゴなど、あらゆるデザインにおいて文字の入力は欠かせません。ただ配置するだけでなく、[文字ツール]をはじめとするテキスト入力機能をマスターして、読みやすい配置やレイアウトを心がけましょう。

このSTEPで使用する
主な機能

文字ツール

文字（縦）ツール

選択ツール

横組み、縦組みで 文字を入力しよう

動画で確認

Illustratorには文字を入力するためのツールがいくつか用意されています。最初に、横組み・縦組みで文字を入力するための基本的な方法をマスターしましょう。

完成図

📁 sample/level4/STEP04-01.ai

事前準備

課題ファイル「STEP04-01.ai」を開きます。文字を横方向・縦方向に入力するための下絵が用意されたファイルが表示されます。

[Illustrator]（Win：[編集]）メニュー→[環境設定]▸[テキスト...]を選択して、[環境設定ダイアログ]の「テキスト」項目を表示します。自動的にサンプルテキストが入力されないように、「新規テキストオブジェクトにサンプルテキストを割り付け」オプションのチェックを外しておきます。

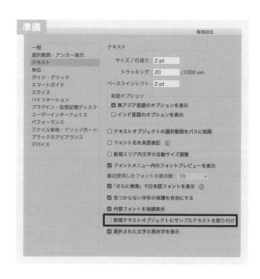

1 横組みの文字を入力する

[**文字ツール**]を選びます 。カーソルアイコン内の左上の小さな矢印の先が課題ファイル「1」の下絵の赤丸ポイントの中の■に重なるようにクリックします 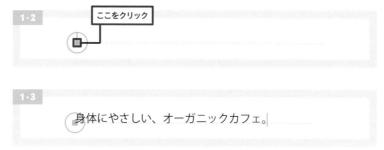。カーソルが「I」のように点滅したら、キーボードから「身体にやさしい、オーガニックカフェ。」と入力しましょう。

入力後、escキーを押すか、[**選択ツール**](▶)を選んで画面上の文字以外のエリアをクリックして入力モードを終了すると、文字全体が選択された状態になります 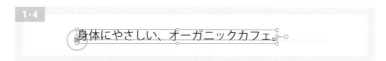。[**文字ツール**]でクリックして入力した一連の文字は、「ポイントテキスト」と呼ばれています。ポイントテキスト全体を選択した状態では、バウンディングボックスのほか、文字の下部にベースラインが表示されます。

入力後、escキーを押すか[選択ツール]で文字エリア以外をクリックした状態です。

 TIPS ポイントテキストは1つの文字のかたまりとして扱われる

ポイントテキストは、入力した文字全体を[選択ツール]などでドラッグして移動したり、複製することができます。ただし、一部の文字だけを個別に移動・複製することはできません。このように1つのかたまりとなっていることから、入力した文字列は「文字ブロック」とも呼ばれます。

2 縦組みの文字を入力する

[**文字(縦)ツール**]を選びます 2·1。
カーソルアイコン内の左上の小さな矢印の先が課題ファイル「2」の下絵の赤丸ポイントの中の■に重なるようにクリックして 2·2、「I」カーソルが点滅したら「身体にやさしい、オーガニックカフェ。」と入力します 2·3。

2·3 身体にやさしい、オーガニックカフェ。

2·4 身体にやさしい、オーガニックカフェ。

入力後、escキーを押して入力モードを終了します。縦組みの文字入力では、文字の中央部にベースラインが表示されます 2·4 。

3 入力した文字を変更する

[**文字（縦）ツール**]を選んだ状態のまま、課題ファイル「1」で入力した文字にカーソルを近付けます。自動的にカーソルの形状が「I」に変わります。「身体にやさしい、」の文字の後をクリックするとクリックした箇所に文字を入力するための「I」カーソルが表示されます 3·1 。「鎌倉」と入力し 3·2 、escキーを押して入力モードを終了します 3·3 。追加した文字が元のポイントテキストに含まれた状態になっています。

3·1 身体にやさしい、|オーガニックカフェ。

3·2 身体にやさしい、鎌倉オーガニックカフェ。

3·3 身体にやさしい、鎌倉オーガニックカフェ。

1 身体にやさしい、鎌倉オーガニックカフェ。

2 身体にやさしい、オーガニックカフェ。

完成！

STEP 2

(10分)

決まったエリア内に文字を入力しよう

このSTEPで使用する
主な機能

文字ツール

エリア内文字ツール

選択ツール

長方形ツール

動画で確認

量が多いテキストをレイアウトするときは、文字を流し込むエリアを
あらかじめ決めておくと効率的にレイアウトをすすめることができます。
文字を段落としてレイアウトする方法をマスターしましょう。

完成図

事前準備

課題ファイル「STEP04-02.ai」を開きます。文
字をエリア内に入力するための下絵が用意され
たファイルが表示されます。

［**テキストエディット**］などのテキスト編集アプリ
ケーションで、素材のテキストファイル「素材04-
02.txt」を開きます。入力されている文字全体を
選択してコピーしておきましょう。

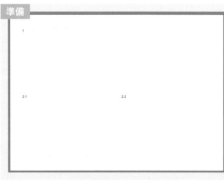

sample/level4/STEP04-02.ai

sample/level4/素材 04-02.txt

1 長方形のエリア内に文字を入力する

Illustratorに戻り[**文字ツール**]（T）を選びます。カーソル左上の小さな矢印の先で、課題ファイル「1」の長方形の左上角から、[**長方形ツール**]で長方形を描くときのように右下方向へドラッグします。ドラッグした範囲に長方形の文字入力エリアが作成されます 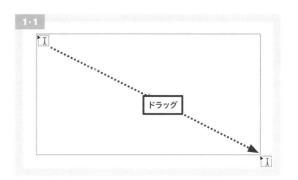 1·1 。

長方形が選択されたままの状態で、command（Win：Ctrl）キー＋Ｖキーでペーストを実行すると、コピーしておいたテキストがエリア内に流し込まれます 1·2 。

1·1

ドラッグ

1·2

> 吾輩は猫である。名前はまだ無い。
> どこで生れたかとんと見当がつかぬ。何でも薄暗いじめじめした所でニャーニャー泣いていた事だけは記憶している。吾輩はここで始めて人間というものを見た。しかもあとで聞くとそれは書生

 TIPS 段落テキストをポイントテキストに変更する

このように一定のエリア内に入力されている文字ブロックは、「段落テキスト」とも呼ばれます。また、テキストの周囲に表示されるバウンディングボックスのような囲みエリアは、「テキストボックス」とも呼ばれます。

escキーもしくは[選択ツール]で「テキストボックス」以外をクリックして文字編集モードを終えたとき、段落テキストのテキストボックス右辺の中央のハンドルから飛び出すように表示されている小さな円形のマークがあります。これをダブルクリックすることで、段落テキストをポイントテキストにすることも可能です。段落テキストの輪郭に合わせて改行された状態のポイントトテキストに変換されます。

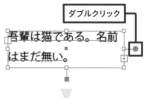
ダブルクリック

吾輩は猫である。名前
はまだ無い。

↓

吾輩は猫である。名前
はまだ無い。

escキーで文字編集モードを終えると、段落テキスト全体が選択された状態になります。段落テキストの右下を見ると、「＋」マークが表示された状態になっています。これは表示されている以外にもエリア内に文字の情報があることを示しています 1·3 。

1·3

> 吾輩は猫である。名前はまだ無い。
> どこで生れたかとんと見当がつかぬ。何でも薄暗いじめじめした所でニャーニャー泣いていた事だけは記憶している。吾輩はここで始めて人間というものを見た。しかもあとで聞くとそれは書生という人間中で一番獰悪な種族であったそうだ。この書生というのは時々我々を捕えて煮て食うという話である。しかしその当時は何という考もなかったから別段恐しいとも思わなかった。ただ彼の掌に載せられてスーと持ち上げられた時何だかフワフワした感じがあったばかりである。掌の上で

額を

段落テキストの輪郭線上には図形のバウンディングボックスと同様にハンドルが表示されています。[選択ツール]（▶）を選んで、右下のハンドルを右下方向にドラッグして、文字ブロックのエリアを広げると、画面に表示しきれていなかった文字が表示されるようになります 1・4 。

文字がすべて表示されると、段落テキストの右下の「＋」マークも消えます 1・5 。

1・4

吾輩は猫である。名前はまだ無い。
どこで生れたかとんと見当がつかぬ。何でも薄暗いじめじめした所でニャーニャー泣いていた事だけは記憶している。吾輩はここで始めて人間というものを見た。しかもあとで聞くとそれは書生という人間中で一番獰悪な種族であったそうだ。この書生というのは時々我々を捕えて煮て食うという話である。しかしその当時は何という考もなかったから別段恐しいとも思わなかった。ただ彼の掌に載せられてスーと持ち上げられた時何だかフワフワした感じがあったばかりである。掌の上で少し落ちついて書生の顔を見たのがいわゆる人間というものの見始であろう。この時妙なものだと思った感じが今でも残っている。第一毛をもって装飾されべきはずの顔がつるつるしてまるで薬缶だ。その後猫にもだいぶ逢ったがこんな片輪には一度も出会わした事がない。のみならず顔の真中があまりに突起している。そうしてその穴の中から時々ぷうぷうと煙を吹く。どうも咽せぼくて実〔　〕れが人間の飲む煙草というものである事はようやくこの頃知った。

ドラッグ

1・5

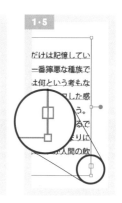

だけは記憶してい
一番獰悪な種族で
は何という考もな
　　した感

る
　　り　に

む人間の飲

 TIPS テキスト量に合わせて自動でテキストボックスのサイズを変更する

段落テキストのテキストボックス下辺の中央のハンドルから、飛び出すように表示されている小さな四角形のマークをダブルクリックすることで、テキストボックスのサイズを段落内のテキストの分量に合わせて自動的に調整することもできます。

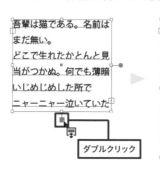

吾輩は猫である。名前は
まだ無い。
どこで生れたかとんと見
当がつかぬ。何でも薄暗
いじめじめした所で
ニャーニャー泣いていた

ダブルクリック

▶

吾輩は猫である。名前は
まだ無い。
どこで生れたかとんと見
当がつかぬ。何でも薄暗
いじめじめした所で
ニャーニャー泣いていた
事だけは記憶している。
吾輩はここで始めて人間
というものを見た。

テキストボックスが大きい場合には小さく、小さすぎてテキストが隠された状態になっているときは下方向にボックスを伸ばしてテキストがすべて表示された状態になります。

---

2 複数のエリア内に連続して文字を入力する

[長方形ツール]（□）を選びます。課題ファイル「2-1」の緑色の点線に合わせて長方形を描きます。

1・4 で作成した段落テキストの文字と同様に「塗り：黒、線：なし」と設定された状態の長方形が描かれます 2・1 。

2・1
2-1

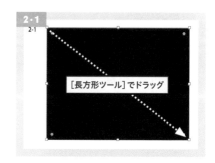

［長方形ツール］でドラッグ

[**エリア内文字ツール**]を選択します  2・2 。長方形の上辺の位置にカーソルアイコン内の左上の小さな矢印の先を合わせてクリックします 2・3 。長方形が塗り・線ともに「なし」の状態に変わったら、command（Win：Ctrl）キー+Vキーでペーストを実行するとテキストがエリア内に流し込まれます。escキーで文字編集モードを終えます 2・4 。

2・4
2-1
吾輩は猫である。名前はまだ無い。
どこで生れたかとんと見当がつかぬ。何でも薄暗いじめじめした所でニャーニャー泣いていた事だけは記憶している。吾輩はここで始めて人間というものを見た。しかもあとで聞くとそれは書生という人間中で一番獰悪な種族であったそうだ。この書生というのは時々我々を捕えて煮て食うという話である。しかしその当時は何という考もなかったから別段恐しいとも思わなかった。ただ彼の掌に載せられてスーと持ち上げられた時何だかフワフワした感じがあったばかりである。掌の上で少し落ちついて書生の顔を見たのがいわゆる人間というものの見始であろう。この

TIPS ［エリア内文字ツール］ってどういうときに使うの?

［エリア内文字ツール］は、描いてある図形の輪郭内に文字を流し込むことができます。長方形以外の円形や星形など、さまざまな形状に文字を流し込むことが可能です。

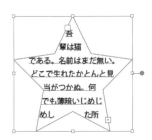

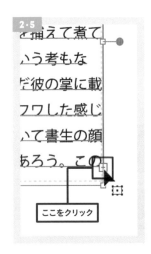

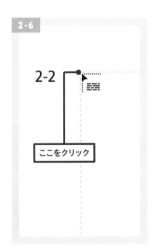

課題ファイル「2-1」も、右下に「+」マークが表示されており、テキストすべてが表示されていないことが確認できます。[**選択ツール**]でこのマーク上をクリックすると 2・5 、カーソルの形状が溢れた文字を流し込む場所を指定するアイコンに変わります。課題ファイル「2-2」の下絵の長方形の左上隅をクリックします 2・6 。

直前のテキストボックスと同サイズのテキストボックスが自動的に作成され、あふれていた文字が流し込まれます。2つのテキストボックスは、どちらかが選択された状態にあると、それぞれのボックスの終点・始点がつながれた線が表示され連携していることがわかるようになっています 2・7 。

2・7

2-1
吾輩は猫である。名前はまだ無い。
どこで生れたかとんと見当がつかぬ。何でも薄暗いじめじめした所でニャーニャー泣いていた事だけは記憶している。吾輩はここで始めて人間というものを見た。しかもあとで聞くとそれは書生という人間中で一番獰悪な種族であったそうだ。この書生というのは時々我々を捕えて煮て食うという話である。しかしその当時は何という考もなかったから別段恐いとも思わなかった。ただ彼の掌に載せられてスーと持ち上げられた時何だかフワフワした感じがあったばかりである。掌の上で少し落ちついて書生の顔を見たのがいわゆる人間というものの見始であろう。この

2-2
時妙なものだと思った感じが今でも残っている。第一毛をもって装飾されべきはずの顔がつるつるしてまるで薬缶だ。その後猫にもだいぶ逢ったがこんな片輪には一度も出会わした事がない。のみならず顔の真中があまりに突起している。そうしてその穴の中から時々ぷうぷうと煙を吹く。どうも咽せぽくて実に弱った。これが人間の飲む煙草というもののである事はようやくこの頃知った。

TIPS

［エリア内文字（縦）ツール］でも、縦組みで同じように任意の図形内にテキストを流し込むことができます。

1
吾輩は猫である。名前はまだ無い。
どこで生れたかとんと見当がつかぬ。何でも薄暗いじめじめした所でニャーニャー泣いていた事だけは記憶している。吾輩はここで始めて人間というものを見た。しかもあとで聞くとそれは書生という人間中で一番獰悪な種族であったそうだ。この書生というのは時々我々を捕えて煮て食うという話である。しかしその当時は何という考もなかったから別段恐いとも思わなかった。ただ彼の掌に載せられてスーと持ち上げられた時何だかフワフワした感じがあったばかりである。掌の上で少し落ちついて書生の顔を見たのがいわゆる人間というものの見始であろう。この時妙なものだと思った感じが今でも残っている。第一毛をもって装飾されべきはずの顔がつるつるしてまるで薬缶だ。その後猫にもだいぶ逢ったがこんな片輪には一度も出会わした事がない。のみならず顔の真中があまりに突起している。そうしてその穴の中から時々ぷうぷうと煙を吹く。どうも咽せぽくて実に弱った。これが人間の飲む煙草というものである事はようやくこの頃知った。

2-1
吾輩は猫である。名前はまだ無い。
どこで生れたかとんと見当がつかぬ。何でも薄暗いじめじめした所でニャーニャー泣いていた事だけは記憶している。吾輩はここで始めて人間というものを見た。しかもあとで聞くとそれは書生という人間中で一番獰悪な種族であったそうだ。この書生というのは時々我々を捕えて煮て食うという話である。しかしその当時は何という考もなかったから別段恐いとも思わなかった。ただ彼の掌に載せられてスーと持ち上げられた時何だかフワフワした感じがあったばかりである。掌の上で少し落ちついて書生の顔を見たのがいわゆる人間というものの見始であろう。この

2-2
時妙なものだと思った感じが今でも残っている。第一毛をもって装飾されべきはずの顔がつるつるしてまるで薬缶だ。その後猫にもだいぶ逢ったがこんな片輪には一度も出会わした事がない。のみならず顔の真中があまりに突起している。そうしてその穴の中から時々ぷうぷうと煙を吹く。どうも咽せぽくて実に弱った。これが人間の飲む煙草というものである事はようやくこの頃知った。

完成！

STEP 3

フォントを
アクティベートしよう

動画で確認

文字の外観はどのようなフォントを指定するかで大きく変わります。表現したい
イメージに合わせたフォントの選択もデザインの上で重要なポイントです。
Adobe Creative Cloudに用意されているフォントを使用できるようにする
（アクティベートする）手順もここでマスターしておきましょう。

1　Creative Cloudからフォント一覧へアクセスする

Creative Cloudのデスクトップアプリケーションを開きます　`1・1`　。表示されるウィンドウで「すべ
てのアプリ」から「Web」を選択します。表示されるツールの「Adobe Fonts」の「起動」ボタ
ンをクリックします（表示されるツールの種類や順番は契約している内容によって異なります）　`1・2`　。

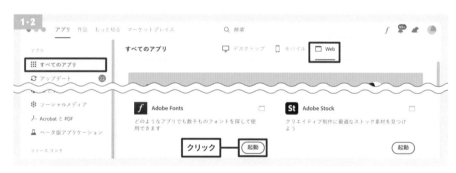

自動的にブラウザが起動して、「Adobe Fonts」のトップページであるフォント一覧が表示されます
`1・3`　。

2 使用したいフォントを選んでアクティベートする

次のSTEPで使用するフォント「筑紫B丸ゴシック」をアクティベートします。

1·3 のウィンドウ上部の検索フィールドに「筑紫B丸ゴシック」と入力してreturn(Win:Enter)キーを押すと、検索された「筑紫B丸ゴシック」フォントが表示されます **2·1** 。ここで「ファミリーを表示」ボタンをクリックすると、「筑紫B丸ゴシック」フォントの詳細ページが表示されます **2·2** 。ウェイト(太さ)の異なるフォントが、それぞれ別の項目として表示されています。

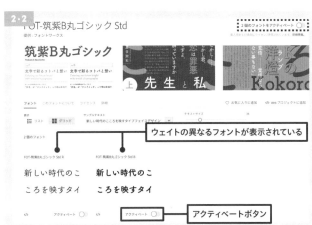

右側の「FOT-筑紫B丸ゴシック Std B」フォント項目の下部にある「アクティベート」スライドボタンをクリックすると、スライドボタンが青色に変わりフォントがアクティベートされた(使用可能な)状態になります **2·3** 。

ブラウザウィンドウの右下エリアに「FOT-筑紫B丸ゴシック StdBをアクティベートしました」というポップアップメッセージが表示されます **2·4** 。スライドボタンを再度クリックすることで、フォントをディアクティベートすることができます。

また、 **2·2** のウィンドウ右上にある「2個のフォントをアクティベート」ボタンをクリックすると、ファミリーのフォントを一括でアクティベートできます。今後のSTEP課題のため、ここで2個のフォントどちらもアクティベートしておきましょう。

文字入力をマスターしよう

LEVEL
4

3

2

1

135

TIPS フォント一覧やサンプルテキストを活用して用途に合ったフォントを選ぶ

使用したいフォントが明確に定まっていないときは、「Adobe Fonts」の「フォント一覧」画面の左サイドの分類項目を活用して、明朝体かゴシック体か、本文に使用したいか見出しでのみ使用するかなど、用途からフォントの種類を絞って一覧を表示して、その中から選んでアクティベートしてもよいでしょう。また、「サンプルテキスト」欄に任意の文字を入力すると、入力した文字でのそれぞれのフォントの外観を確認することができます。

 TIPS 用途に合わせてフォントパックを利用する

「Adobe Fonts」の「フォントパック」では、使用目的に合わせていくつかのフォントがパックで提供されています。用途に合わせてフォントパックを利用するのもよいでしょう。

STEP 4

10分

入力した文字の
フォントやサイズと色を
設定しよう

動画で確認

文字要素は、用途に適したフォントやサイズなど外観を調整することで、より内容が伝わりやすく印象深くなります。入力した文字のフォント・サイズ・色の設定方法をマスターしましょう。

完成図

吾輩は猫である。名前はまだ無い。

準備

📁 sample/level4/STEP04-04.ai

事前準備

課題ファイル「STEP04-04.ai」を開きます。文字を入力するための下絵が用意されたファイルが表示されます。

STEP 3の135ページを参照して、Adobe Fonts の「筑紫B丸ゴシック」ファミリーの2個のフォントをアクティベートしておきます。

［**テキストエディット**］などのテキスト編集アプリケーションで、素材のテキストファイル「素材04-02.txt」を開きます。入力されている文字の1行目「吾輩は猫である。名前はまだ無い。」の文章をコピーしておきましょう。

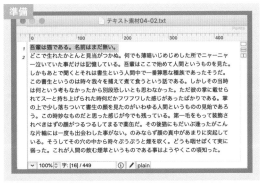

準備

テキスト素材04-02.txt

1　吾輩は猫である。名前はまだ無い。
2　どこで生れたかとんと見当がつかぬ。何でも薄暗いじめじめした所でニャーニャー泣いていた事だけは記憶している。吾輩はここで始めて人間というものを見た。しかもあとで聞くとそれは書生という人間中で一番獰悪な種族であったそうだ。この書生というのは時々我々を捕えて煮て食うという話である。しかしその当時は何という考もなかったから別段恐しいとも思わなかった。ただ彼の掌に載せられてスーと持ち上げられた時何だかフワフワした感じがあったばかりである。掌の上で少し落ちついて書生の顔を見たのがいわゆる人間というものの見始であろう。この時妙なものだと思った感じが今でも残っている。第一毛をもって装飾されべきはずの顔がつるつるしてまるで薬缶だ。その後猫にもだいぶ逢ったがこんな片輪には一度も出会わした事がない。のみならず顔の真中があまりに突起している。そうしてその穴の中から時々ぷうぷうと煙を吹く。どうも咽ぽくて実に弱った。これが人間の飲む煙草というものである事はようやくこの頃知った。

100%　字: [16] / 449　plain

📁 sample/level4/素材04-02.txt

文字入力をマスターしよう

LEVEL
4

3

2

1

137

Illustrator に戻り、[**文字ツール**]（T）を選びます。
課題ファイルの点線の左端でクリックし、command(Win：Ctrl)キー＋Vキーでコピーしておいたテキストをペーストします。escキーで文字入力モードを終えます 1・1 。

1・1

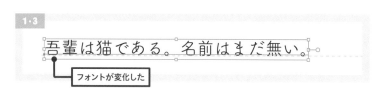

テキストブロックが選択された状態になっていることを確認して、[**文字パネル**]の「フォントファミリを設定」（❶）で「FOT-筑紫B丸ゴシック Std」を選択します。また、「フォントスタイルを設定」（❷）のプルダウンで「R」を選択します 1・2 。入力しておいた文字のフォントが「筑紫B丸ゴシック R」に変化します 1・3 。

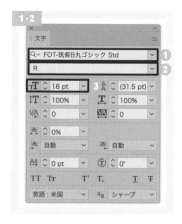

1・2

1・3

吾輩は猫である。名前はまだ無い。

フォントが変化した

[**文字パネル**]の「フォントサイズを設定」（❸）のプルダウンで、「18pt」を選択します。文字サイズが初期設定の12ptから18ptに変わります 1・4 。

文字サイズが大きくなった

1・4

吾輩は猫である。名前はまだ無い。

TIPS フォントにまつわる変更はコントロールバーからも可能

文字のフォントやサイズ、行揃えなどは、[文字パネル]、[段落パネル]（154ページ参照）のほか [ウィンドウ] メニュー→「コントロール」で表示できる [コントロールバー] からも設定可能です。テキストブロック選択時には [コントロールバー] の内容が、文字設定の項目に変化します。

テキストブロックが選択された状態になっていることを確認して、[カラーパネル]で「塗り：R:0、G:139、B:227、線：なし」と設定します。文字の色が[カラーパネル]で設定した色に変わります 。

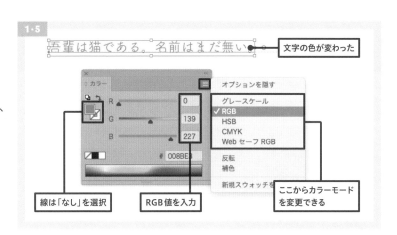

文字の色が変わった
線は「なし」を選択
RGB値を入力
ここからカラーモードを変更できる

TIPS　袋文字の設定は「アピアランス」機能の活用が◎

図形と同様、文字も［カラーパネル］や［スウォッチパネル］で色を指定できます。ただし、「線」の設定には注意が必要です。文字の輪郭線と内側の色が異なる袋文字を表現したいときは、長方形などと同様に線の設定をしてしまうと、文字の輪郭を基準としてその内側に線が描画されるため色がつぶれたような外観になってしまいます。文字に輪郭線を追加したいときは、「アピアランス」の項目（268ページ）を参照してください。

2 部分的に文字の設定を変える

［文字ツール］を選び、入力してある「猫」の文字をドラッグして、選択します 。

TIPS　段落テキストも同じように選択可能

この作例ではポイントテキストで部分的に文字を選択していますが、段落テキストでも同様に［文字ツール］でドラッグすることで任意の文字だけを選択した状態にできます。

［**文字パネル**］で、「フォントスタイルの設定」を「B」に、「フォントサイズの設定」を「36pt」に変更します  。また［**カラーパネル**］で「塗り：R:255、B:83、B:0、線：なし」とします  。escキーで文字編集モードを終了すると、選択していた「猫」の文字だけにフォントスタイル・サイズ・色の変更が適用されていることが確認できます  。

吾輩は**猫**である。 名前はまだ無い。

完成！

STEP 5

20分

文字を変形しよう

このSTEPで使用する
主な機能

文字パネル

文字タッチツール

垂直比率

水平比率

動画で確認

入力した文字は水平垂直の比率を変えるなど、変形することが
できます。テキストブロック内の特定の文字だけを変形する
など、文字の変形方法をマスターしておきましょう。

完成図

事前準備

課題ファイル「STEP04-05.ai」を開きます。ポイ
ントテキストと段落テキストがあらかじめ入力さ
れたファイルが表示されます。
STEP 3の135ページを参照して、Adobe Fontsの
「筑紫B丸ゴシック」ファミリーの2個のフォントを
アクティベートしておきましょう。

準備

📁 sample/level4/STEP04-05.ai

1 文字の垂直比率を変える

［**選択ツール**］（▶）で課題ファイル「1」のポイントテキストのテキストブロックをクリックして選択します 1・1 。

［**文字パネル**］の「垂直比率」でプルダウンから「75%」を選択して文字が縦方向に75%のサイズになるように指定します。文字にいわゆる平体がかけられた状態になります 1・2 。

TIPS 平体と長体とは?

垂直方向のみ縮小したり水平方向のみ拡大するなど、元の形状より平らな外観になるように変形された文字の状態を「平体」と呼ぶことがあります。逆に水平方向のみ縮小したり垂直方向のみ拡大するなど、元の形状よりも細長い外観になるように変形された文字の状態は「長体」と呼ぶことがあります。どちらも印刷用語で、DTPが主流となる前の「写植」と呼ばれる技術で文字変形の設定のために利用されていた呼称です。

ポイントテキストでは、テキストボックスのハンドルをドラッグすることでも文字を水平垂直方向に伸縮させることができます 1・3 。長方形などの図形と同様にハンドルにカーソルを重ねてドラッグすることで、文字の外観をアレンジできます。
テキストブロック全体を回転させることも可能です 1・4 。
完成図を参考に、テキスト全体の変形と回転のアレンジを行いましょう。

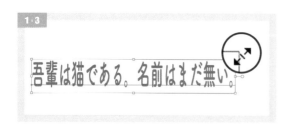

2 文字の水平比率を変える

[**選択ツール**]で課題ファイル「2」の段落テキストのテキストブロックをクリックして選択します。
[**文字パネル**]の「水平比率」でプルダウンから「125%」を選択して文字が横方向に125%のサイズになるように指定します **2·1** 。横方向だけに拡大することでも文字に平体がかけられた状態になります **2·2** 。

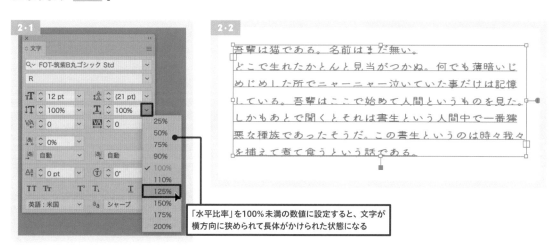

「水平比率」を100%未満の数値に設定すると、文字が横方向に狭められて長体がかけられた状態になる

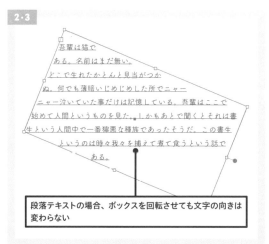

段落テキストの場合、ボックスを回転させても文字の向きは変わらない

段落テキストでは、 **1·4** と異なりテキストボックスのハンドルを操作してもボックスのサイズが変化するだけで文字自体の外観は変わりません。テキストボックスを回転させても、文字は変形したボックスに水平に流し込まれた状態になります **2·3** 。

ポイントテキストは、ボックスとともに文字の向きも変わる

3 特定の文字だけを変形する

[**文字タッチツール**]を選択します **3·1** 。
課題ファイル「1」のテキストブロック中の「猫」の文字をクリックします **3·2** 。文字の周囲にボックスが表示されます。

「猫」の文字をクリック

文字の周囲のボックスには、四隅にハンドルが
表示されています。右下の白い円のハンドルをド
ラッグして、文字を横方向に拡大します。さらに
右上の白い円のハンドルをドラッグして、文字の
縦横比率を変えずに拡大します 3・3 。

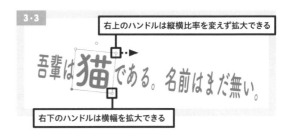

3・3
右上のハンドルは縦横比率を変えず拡大できる
右下のハンドルは横幅を拡大できる

TIPS

右下の白い円のハンドルをドラッグすると横方向に限定して、左上の白い円のハンドルをドラッグすると縦方
向に限定して、それぞれ文字のサイズを変更できます。

文字のボックスから少し離れた上部の位置にも白い円のハン
ドルがあります。このハンドルをドラッグすると、文字を回転
することができます。さらにボックス左下の黒い円のハンドル
をドラッグして、文字の位置を下方へ移動します 3・4 。

文字を回転できる
文字を移動できる

[選択ツール]でテキストブロック全体をクリック
して選択すると、テキストブロックとして構成さ
れたままの状態で1文字だけ位置や角度がアレ
ンジされた状態になっていることが確認できま
す 3・5 。

吾輩は猫である。名前はまだ無い。

完成！

吾輩は猫である。名前はまだ無い。
とこで生れたかとんと見当がつかぬ。何でも薄暗いじめじめした所
でニャーニャー泣いていた事だけは記憶している。吾輩はここで始
めて人間というものを見た。しかもあとで聞くとそれは書生という
人間中で一番獰悪な種族であったそうだ。この書生というのは時々
我々を捕えて煮て食うという話である。

STEP 6

20分

パスに添って
文字を入力しよう

動画で確認

このSTEPで使用する
主な機能

パス上文字ツール

ブラケット

パス上文字オプション

選択ツール

円や曲線などのパスに添うように文字を入力すると、文字がレイアウトのアクセントに
なります。パスに添って文字を入力する方法をマスターしておきましょう。

完成図

1

2

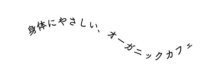

文字入力をマスターしよう

LEVEL
4

事前準備

課題ファイル「STEP04-06.ai」(⬚ sample/level4/
STEP04-06.ai)を開きます。黒で塗りつぶされた
正円と波状の曲線が描かれたファイルが表示さ
れます。
STEP 3を参照して、Adobe Fontsの「筑紫B丸
ゴシック」ファミリーの2個のフォントをアクティ
ベートしておきます。

1 円弧状に文字を入力する

[**パス上文字ツール**]を選びます 1·1 。課題ファイル「1」の黒い円の円弧上にカーソルを合わ
せてクリックします 1·2 。円の塗りつぶしがなくなり、クリックした位置に文字を入力するための
Iカーソルが点滅して表示されます 1·3 。

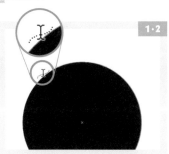

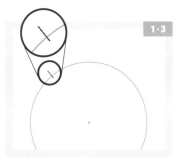

3

2

1

キーボードから「身体にやさしい、オーガニックカフェ」と入力します。入力したテキストは、初期設定のフォントやサイズで表示されます。escキーを押して文字入力モードを終了すると、円のパスがテキストブロックの一部として選択された状態になります。

[**文字パネル**]で、「フォントサイズ：21pt、フォントファミリ：FOT- 筑紫B丸ゴシックStd、フォントスタイル：B」に変更しておきます 1・4 。

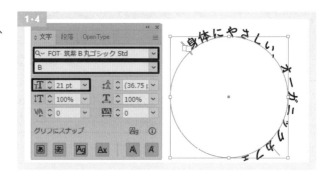

2 パス上の文字の位置を調整する

円弧上に入力されたテキストブロックを確認すると、「カ」の文字に重なるように線が表示されています 2・1 。これはパス上の文字の位置をコントロールするための「ブラケット」と呼ばれるものです。

[**選択ツール**]（▶）を選んで、ブラケット上でマウスをプレスし、ゆっくりと左方向へ円弧に添うようにドラッグすると円弧上に配置された文字の位置が変わります 2・2 。
円の上部に左右均等な距離で文字が配置されるように位置を調整します 2・3 。

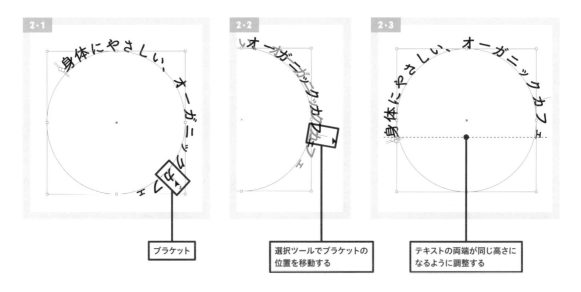

ブラケット

選択ツールでブラケットの
位置を移動する

テキストの両端が同じ高さに
なるように調整する

TIPS テキストを円の内側に表示させたい

ブラケットをドラッグするときに円の内側にカーソルが入るよう内側に動かすと、文字の配置も円の内側に添うような位置になります。

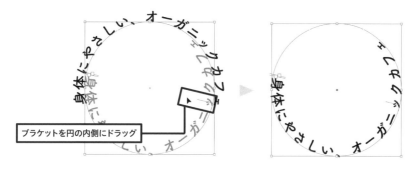

ブラケットを円の内側にドラッグ

---

3 曲線上に文字を入力する

［**パス上文字ツール**］で課題ファイル「1」の円弧上の「身」の文字の前をクリックしてカーソルを挿入します **3・1** 。
円弧に添って文字上をドラッグして入力した文字全体を選択し、クリップボードにコピーします **3・2** 。

3・1

［パス上文字ツール］で
カーソルを挿入

3・2

ドラッグして文字を選択して
コピー

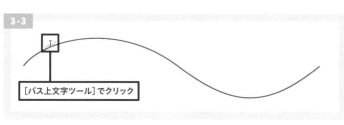

3・3

［パス上文字ツール］でクリック

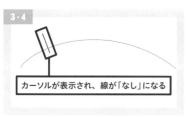

3・4

カーソルが表示され、線が「なし」になる

3・5

身体にやさ

課題ファイル「2」の曲線パスの左端に近い位置をクリックします **3・3** 。
文字を入力するためのカーソルが表示され、曲線パスの線の設定は「なし」の状態になります **3・4** 。
3・2 でクリップボードにコピーしておいたテキストをペーストします **3・5** 。

escキーで文字入力モードを終了します。入力した文字の両端と中央にブラケットが表示されています。ペーストした文字が表示し切れていないときは、文末のブラケットには「┊」のマークが付いて表示されます **3・6** 。

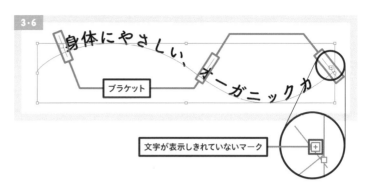

文頭のブラケットを[**選択ツール**]で左方向にドラッグすると、文字の開始位置を左へ移動することができます **3・7** **3・8** 。

文頭・文末のブラケットを調整することで、パス上に文字を表示する範囲を調整することができます **3・9** 。

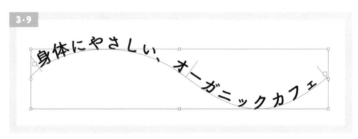

開始位置が変更され、テキストがすべて表示された

4 パス上の文字の角度を調整する

[**選択ツール**]で曲線パス上に入力したテキストブロックをクリックして選択します。[**書式**]メニュー→[**パス上文字オプション**]→[**パス上文字オプション...**]を実行すると表示される[**パス上文字オプションダイアログ**]（ **4・1** ）では、パス上に配置した文字のパスに対する角度などの配置方法を設定することができます。
初期設定では「効果：虹」が適用されています **4・2** 。

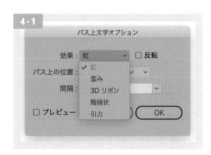

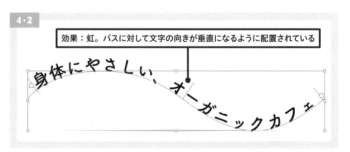

効果：虹。パスに対して文字の向きが垂直になるように配置されている

「効果：歪み」では曲線に合わせて文字
自体も歪んだ外観になります 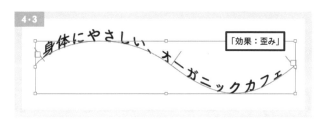 。
「効果：3D リボン」「効果：階段状」「効
果：引力」それぞれの設定で文字の角
度や位置が変化します 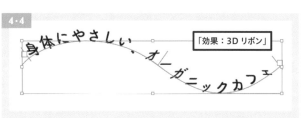 。

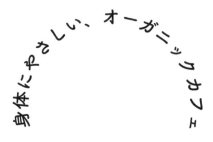

完成！

LEVEL 4

STEP 7

文字と文字の間隔を設定しよう

このSTEPで使用する
主な機能

文字パネル

段落パネル

カーニング

メトリクス

動画で確認

日本語の文字は入力したままの状態では文字と文字の間隔が広く、特に見出しなど大きめのサイズで表示するものは、ぱらぱらとした印象になり読みにくい場合があります。文字の間隔を調整して読みやすさをアップさせましょう。

完成図

吾輩は猫である。名前はまだ無い。

事前準備

課題ファイル「STEP04-07.ai」（ 📁 sample/level4/STEP04-07.ai ）を開くと、ポイントテキストとして入力された文字が表示されます。
STEP 3を参照して、Adobe Fontsの「筑紫B丸ゴシック」ファミリーの2個のフォントをアクティベートしておきます。

1 テキストブロック全体で文字を自動的に詰める

［選択ツール］（ ▶ ）で、テキストブロックをクリックして選択します 1・1 。

1・1

吾輩は猫である。 名前はまだ無い。

Adobe Fontsに登録されてる日本語フォントには、文字と文字の間隔を自動的に最適に保つための情報が含まれています。これを使用して、自動的に読みやすい文字間隔になるように文字を詰めましょう。

［ウィンドウ］メニュー →［書式］→［OpenTypeパネル］で「プロポーショナルメトリクス」オプションをチェックします 。続いて［文字パネル］の「文字間のカーニングを設定」項目のプルダウンから「メトリクス」を選択して指定します 1・3 。文字同士の間隔が自動的に調整されました 1・4 。

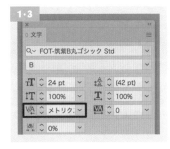

［OpenTypeパネル］

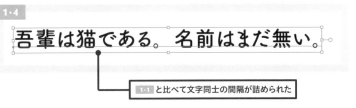

1・1 と比べて文字同士の間隔が詰められた

TIPS　カーニングとメトリクスって何?

文字と文字の個別の間隔のことを「カーニング」と呼びます。「文字間のカーニングを設定」の「メトリクス」とは、それぞれのフォントが保持している文字間隔の情報を利用して自動的に詰める設定です。

さらに句点のあとの空きも詰めておきます。［段落パネル］を開いて「文字組み」のプルダウンから「約物半角」を選択します 1・5 。句読点や鉤括弧など日本語特有の記号が半角に変わります 1・6 。

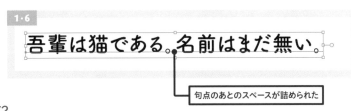

句点のあとのスペースが詰められた

TIPS　約物半角って何?

「、」「。」などの句読点のことを約物といいます。文字組みで指定をしないと、「、」「。」のあとのスペースが不自然に空いてしまうことがあります。「約物半角」を設定することで、句読点を詰めて読みやすいテキストを実現することができます。

2 テキストブロック全体の文字の間隔を調整する

大きな見出し用の文字などで、敢えて文字間隔を極端に狭めたり広げたい場合は、[文字パネル]で「選択した文字のトラッキングを設定」項目を変更します。

[選択ツール]でテキストブロックを選択したら、「選択した文字のトラッキングを設定」のプルダウンから「200」を選択します **2・1** 。

文字と文字の間隔が広がった状態になります **2・2** 。

2・2

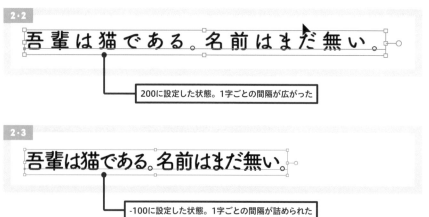

200に設定した状態。1字ごとの間隔が広がった

2・3

吾輩は猫である。名前はまだ無い。

-100に設定した状態。1字ごとの間隔が詰められた

TIPS

[文字パネル]の「文字間のカーニングを設定」「選択した文字のトラッキングを設定」の数値は、1＝1文字の1000分の1を示しています。「200」は1文字の5分の1の幅になります。

COLUMN　文字間隔の調整が印象を左右する

同じ文章でも文字間隔が異なると、受ける印象は大きく異なります。間隔が広いとゆったりと落ち着いた印象になり、間隔が狭いと力強く迫力のある印象になります。文字間隔を調整することで、表現したいデザインイメージにより近付けることができるでしょう。

「選択した文字のトラッキングを設定」のプルダウンから「0」を選択して、文字間隔を一般的な設定に戻します。

ひらがな同士の間隔は自動的に詰められて読みやすくなっていますが、漢字同士が隣り合う部分は少し間隔が広くなっています。「名」と「前」の文字間隔を個別に調整しましょう。

［**文字ツール**］を選択し「名」「前」の文字の間をクリックしてカーソルを挿入します ▓3・1 。

3・1

カーソルを挿入

［**文字パネル**］で「文字間のカーニングを設定」のプルダウンから「-50」を選択します ▓3・2 。

「名」「前」の文字の間隔だけが少し狭められました ▓3・3 。

3・3

間隔が狭められた

3・2

文字入力をマスターしよう

LEVEL
4

TIPS
［文字パネル］でテキストブロック全体の文字間隔を設定するときは「選択した文字のトラッキングを設定」で、文字と文字の間隔を個別に調整するときは「文字間のカーニングを設定」で行います。

3

2

1

吾輩は猫である。名前はまだ無い。 完成！

STEP 8

行の揃え方を
設定しよう

動画で確認

複数行で日本語の文章をレイアウトするとき、横組みの場合、「左揃え」と「中央揃え」、縦組みの場合は「上揃え」と「下揃え」など、行の揃え方にいくつかの方法があります。思い通りのレイアウトに仕上げるために、行揃えの設定方法もマスターしておきましょう。

完成図

> 吾輩は猫である。名前はまだ無い。
> どこで生れたかとんと見当がつかぬ。
> 薄暗いじめじめした所でニャーニャー泣いていた事だけは記憶している。
> 吾輩はここで始めて人間というものを見た。
> あとで聞くとそれは書生という人間中で一番獰悪な種族であったそうだ。
> この書生というのは時々我々を捕えて煮て食うという話である。

2

> 吾輩は猫である。名前はまだ無い。どこで生れたかとんと見当が
> つかぬ。何でも薄暗いじめじめした所でニャーニャー泣いていた事
> だけは記憶している。吾輩はここで始めて人間というものを見た。
> しかもあとで聞くとそれは書生という人間中で一番獰悪な種族で
> あったそうだ。この書生というのは時々我々を捕えて煮て食うという
> 話である。

事前準備

課題ファイル「STEP04-08.ai」（ 🗀 sample/level4/STEP04-08.ai ）を開きます。ポイントテキスト／段落テキストそれぞれの方法で文字が入力された2つのテキストブロックが用意されたファイルが開きます。STEP 3を参照して、Adobe Fonts の「筑紫B丸ゴシック」ファミリーの2個のフォントをアクティベートしておきます。

1　ポイントテキストの行揃えを設定する

課題ファイル「1」のテキストブロックは、ポイントテキストとして複数行に文字が入力されています。[選択ツール](▶)でいずれかの文字をクリックして、テキストブロックを選択しましょう 1・1 。
[段落パネル]で行揃えを確認すると、初期設定の「左揃え」に設定されています 1・2 。
左から3つ目の「右揃え」をクリックして行揃えの形式を変更しましょう 1・3 。

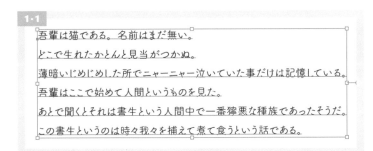

左揃えが設定されている

右揃えを選択

TIPS ポイントテキストでは左側3種の行揃えを使用する

[段落パネル]で「中央揃え」などをクリックすることで、テキストブロックの各行の設定を初期設定の「左揃え」から変更することができます。ポイントテキストでは、7つの行揃えのうち主に左の3項目を使います（この3項目は[コントロールバー]からも指定できます）。

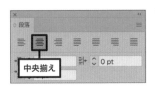

中央揃え

吾輩は猫である。名前はまだ無い。
どこで生れたかとんと見当がつかぬ。
薄暗いじめじめした所でニャーニャー泣いていた事だけは記憶している。
吾輩はここで始めて人間というものを見た。

2 段落テキストの行揃えを設定する

課題ファイル「2」のテキストブロックは、段落テキストとして入力されています。行揃えは初期設定の「左揃え」となっています 2·1 。テキストボックスの右端の文字の位置が不揃いで不規則な空きが発生しています。

段落テキスト。初期設定の左揃えに設定されている

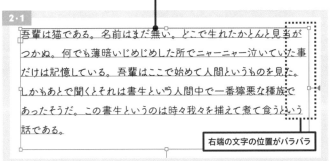

右端の文字の位置がバラバラ

155

段落テキストで文字を左揃えにしたいときは、[**段落パネル**]の「均等配置（最終行左揃え）」を選択すると  、段落の切れ目以外の行の右端の文字がテキストボックスの位置に揃うように、自動的に文字間隔が調整されます 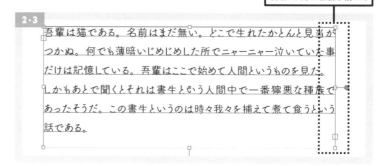 。

右端の文字の位置が揃った

均等配置（最終行左揃え）

完成！

 TIPS 段落テキストでは右側4種の行揃えを使用する

段落テキストでの文字揃えは、[段落パネル] 行揃えの項目の右側4種のボタンを主に使用します。「両端揃え」を指定すると、最終行も含めてすべての行でボックスの両端に文字の位置が揃うように文字間隔が調整されます。

両端揃え

TIPS　サンプルテキストの利用を切り替える

2021までのIllustratorでは、［文字ツール］などテキストを入力するためのツールで画面上をクリックまたはドラッグすると、夏目漱石の小説『草枕』の文章の一節がサンプルテキストとして自動的に入力されます。サンプルテキストを入力したくない場合は、126ページで行ったように［Illustrator］（Win：［編集］）メニュー→［環境設定］→［テキスト…］で、［環境設定ダイアログ］の「テキスト」項目の「新規テキストオブジェクトにサンプルテキストを割り付け」オプションのチェックを外します。

2022のIllustratorでは、初期設定で同オプションのチェックが外された状態になっているため、サンプルテキストを使用したい場合は、チェックしておきましょう。

COLUMN

行の揃え方のほか、文字を読みやすくレイアウトするためには行と行の間隔を設定する「行送り」や「禁則処理」も大切なポイントです。

行送りは［文字パネル］の「行送りを設定」で、禁則処理は［段落パネル］の下部で設定できます。

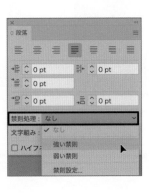

「行送り」と「禁則処理」については、本書の特典PDFファイルで詳しく説明しています。サポートサイト（https://book.mynavi.jp/supportsite/detail/9784839978495.html）からダウンロードして確認してみましょう。

TEST

30分

ショップカードを作ってみよう

このSTEPで使用する
主な機能

文字ツール

エリア内文字ツール

パス上文字ツール

文字パネル

動画で確認

これまでにマスターした文字に関する入力や設定方法を活用して、ショップカードをデザインしてみましょう。図形を組み合わせたり好きなカラーを設定して、カフェの案内用のカードに仕上げます。

完成図

事前準備

課題ファイル「STEP04-TEST.ai」を開きます。ショップカードの枠線とお店のロゴとマークが含まれています。またテキスト素材は、「テキスト素材04-TEST.txt」をテキストエディタで開きコピーして利用します。

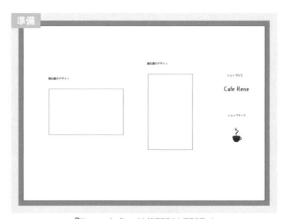

📁 sample/level4/STEP04-TEST.ai

📁 sample/level4/テキスト素材04-TEST.txt

制作のためのヒント

1 ショップカードは印刷するためのアイテムのため、ドキュメントのカラーモードは「CMYKカラー」となっています。

2 デザインは自由に考えていただいてOKです。「横位置のデザイン」「縦位置のデザイン」どちらかの枠を利用して、内側にデザインします。

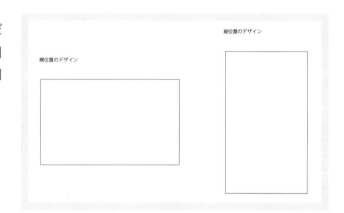

3 デザインが思いつかないときは、こちらの図を参考にしてください。この図に近いイメージにレイアウトしましょう。

4 [**レイヤーパネル**]を確認すると、課題ファイルが3つのレイヤーで構成されていることが確認できます。「レイヤー1」には枠線や「横位置のデザイン」などの見出し文字が、「レイヤー2」にはショップロゴとマークの本体が収められています。背景の黄土色の長方形や濃い赤色の円は「レイヤー3」上に描くと、ロゴマークが隠れることはありません。

5 ショップロゴ・ショップマークは、それぞれ
グループ化された状態になっています。[**選択ツー
ル**]で選択し、[**カラーパネル**]から好みのカラー
を設定して利用します。ドキュメントのカラーモー
ドが「CMYKカラー」のため、[**カラーパネル**]も
「CMYK」として利用します。

6 図形は描かれた順に上に重なって表示されて行きます。必要に応じて前後関係を入れ替え
て、ショップロゴやショップマークが図形の背面に隠れないように描きすすめましょう。濃い赤色
の円形や文字と枠線を水平方向中央で揃える方法は、LEVEL 6で解説します。現段階では[**表示**]
メニュー→[**スマートガイド**]を利用して(28ページ参照)、図形をドラッグしたときに表示されるスマー
トガイドに合わせて配置しましょう。

7 「ショップロゴ」「ショップ
マーク」は、どちらも「塗り」が
「白」、「線：なし」と設定していま
す。

8 作例のショップカードデザ
インでは、黄土色のエリアは
「C：30%、M：40%、Y：100%、
K：0%」、 濃 い 赤 色 の 円 は
「C：45%、M：100%、Y：100%、
K:15%」と指定しています。

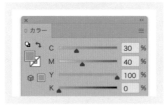
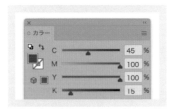

LEVEL 5

ペンツールを
マスターしよう

ペンツールはもっとも「Illustratorらしい」機能と
いえるでしょう。パスの作成をマスターすれば複雑
な図形の描画も自由自在。その反面、操作に癖が
あるため、使いこなすまで少し訓練が必要な機能
でもあります。実際に課題を作りながら、操作に
慣れていきましょう。

LEVEL 5

STEP 1

このSTEPで使用する
主な機能

ペンツール

アンカーポイント

オープンパス

クローズパス

ペンツールで
直線を描こう

動画で確認

［ペンツール］はこれだけで直線も曲線も描ける便利なツール
ですが、使い方に慣れるためにはコツが必要です。自由に使
えるようになると表現の幅が広がります。

完成図

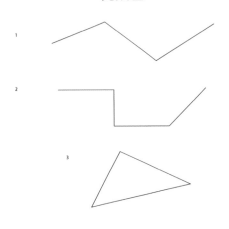

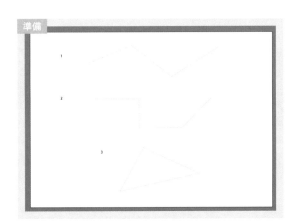

📁 sample/level5/STEP05-01.ai

事前準備

課題ファイル「STEP05-01.ai」を開
きます。直線を描くための下絵が用
意されたファイルが表示されます。
［**カラーパネル**］で「塗り：なし、線：
R:0、G:0、B:0（黒）」として、［**線パ
ネル**］では初期設定の「線幅：1pt」
と設定しておきます。

［**ペンツール**］を選びます  。

課題ファイルの「1」で下絵の緑のジグザグの点線の左端でクリックします 1・2 。

左端でクリック

続いて次に点線の角になる位置をクリックすると 1・3 、クリックした2点間に直線が描かれます 1・4 。

次の角で再度クリック

同様に下絵の緑の点線の次の角の位置でクリックし、角度を変えて直線を描きつなげます。最後に下絵の緑の点線の右端の位置でクリックしたら 1・5 、escキーを押して描画を終了しましょう。クリックした位置にアンカーポイントが作成され、アンカーポイント間に直線が描かれます。

2点の間に直線が描かれた

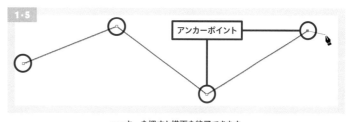

アンカーポイント

escキーを押すと描画を終了できます。

 TIPS 誤ってドラッグしてしまったら?

［ペンツール］でドラッグすると曲線を描くことができます（166ページ参照）。
誤ってドラッグしてしまい、図のような方向線が表示されてしまったら、command（Win：Ctrl）キー＋Zキーで直近の操作を取り消して操作を続けましょう。

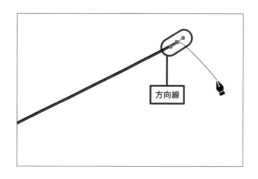

方向線

ペンツールをマスターしよう

LEVEL
5

4

3

2

1

2 水平・垂直・斜め45度に規定して直線を描く

[**ペンツール**]のまま、課題ファイル「2」の点線の左端でクリックしましょう。続いてshiftキーを押しながら、点線の角をクリックすると、クリックした2点間に水平線が描かれます 2·1 。さらにshiftキーを押しながら点線の角になる位置をクリックすると、水平・垂直・斜め45度の方向に制限した状態で直線を描きつなぐことができます。点線の右端でクリックしたら、escキーで描画を終了します 2·2 。

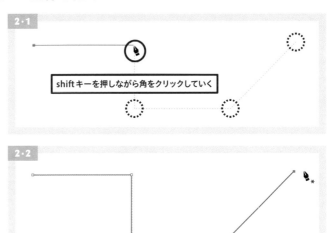

shiftキーを押しながら角をクリックしていく

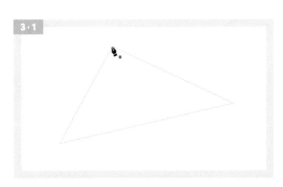

shiftキーの追加で水平・垂直・斜め45度の直線を描けました。

3 クローズパスの直線を描く

続けて[**ペンツール**]で、課題ファイル「3」の三角形の上の頂点をクリックします 3·1 。さらに左下の頂点をクリックして、2点間に直線を描きます 3·2 。

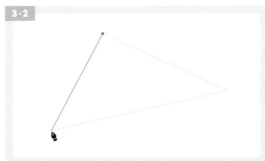

さらに右端の頂点をクリックして直線を描きつなげます 3·3 。

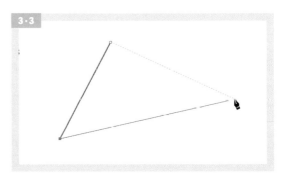

最後に、クリックを始めた上の頂点の位置に
カーソルを近づけると、アイコンが○マークの
付いたペンの形状に変わります 3·4。
この状態でクリックすると、描いたパスの始点
と終点が同位置でつながった「クローズパス」
となります 3·5。

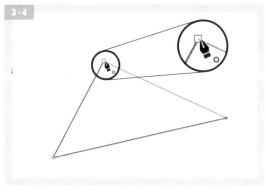

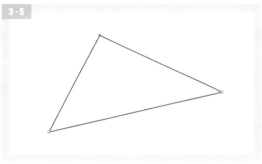

始点と終点がつながっているクローズパスが描けました。

TIPS
[ペンツール] で「クローズパス」を描くと、
escキーを押さなくても描画操作を終了した
状態になります。

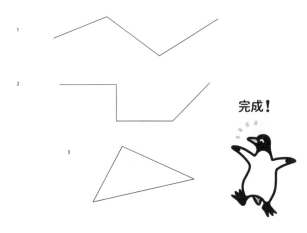

完成！

TIPS　オープンパスとクローズパス

描いたパスの始点と終点がつながっているパスを「クローズパス」、つながっていないパスを
「オープンパス」と言います。

このSTEPで使用する
主な機能

ペンツール

アンカーポイント

方向線

ハンドル

STEP 2

ペンツールで
なめらかにつながる
曲線を描こう

動画で確認

［ペンツール］の操作で難しいのが曲線の描き方です。曲線の軌跡をドラッグで示すのではなく、ドラッグすることで曲線をコントロールするための方向線を引いて線を作成することがポイントです。何度も繰り返し描いてマスターしましょう。

完成図

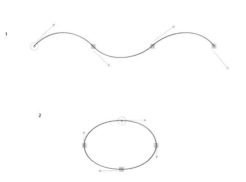

準備

📁 sample/level5/STEP05-02.ai

事前準備

課題ファイル「STEP05-02.ai」を開いて曲線を描くための下絵を表示します。［カラーパネル］で「塗り：なし、線：R:0、G:0、B:0（黒）」として、［線パネル］では初期設定の「線幅：1pt」と設定しておきます。

1 滑らかにつながる曲線を描く

［**ペンツール**］を選びます 。課題ファイルの「1」で下絵の左端の赤丸ポイントの中の■にカーソルを合わせます 1・2 。

マウスボタンをプレスし、そのまま矢印に合わせて右上方向へドラッグすると、ドラッグした軌跡に曲線の方向と長さをコントロールするための方向線が作成されます 1・3 。

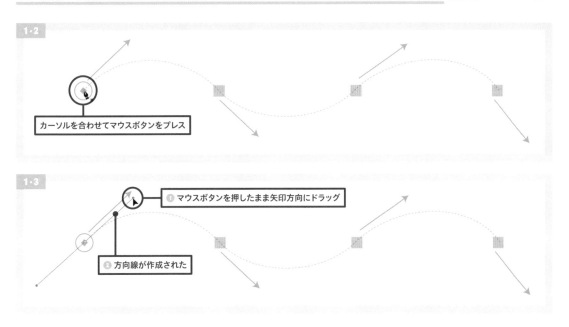

1・2

カーソルを合わせてマウスボタンをプレス

1・3

❶ マウスボタンを押したまま矢印方向にドラッグ

❷ 方向線が作成された

マウスボタンを離してドラッグを終えると、赤い曲線がカーソルに追従するように出ていることが確認できます。この線が実際に描かれるパスです 1・4 。

最初の青い■のポイントの位置にカーソルを合わせてマウスボタンをプレスしたら、そのまま矢印に合わせて右下方向へドラッグします 1・5 。ドラッグに合わせてまた方向線が作成されるので、ドラッグの方向を調整して、パスの曲線が下絵の緑の点線に沿うようにします。ドラッグを終えると、2つのアンカーポイントの間に曲線パスが作成されます。

ペンツールをマスターしよう LEVEL 5 / 4 3 2 1

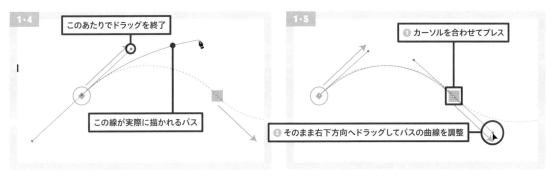

1・4

このあたりでドラッグを終了

この線が実際に描かれるパス

1・5

❶ カーソルを合わせてプレス

❷ そのまま右下方向へドラッグしてパスの曲線を調整

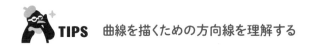
［ペンツール］で曲線パスを描くときには、それぞれの曲線の向きや長さをコントロールするための「方向線」を作って描きます。方向線の先にある丸いマークを「ハンドル」と呼びます。

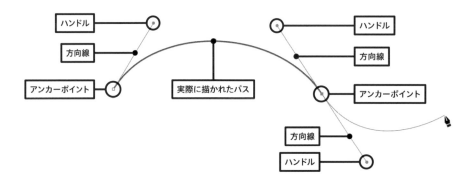

アンカーポイントの役割 … パスにおける関節点。
　　　　　　　　　　　　　アンカーポイントを基準に直線・曲線を調整できる
方向線の役割 … アンカーポイントから引き出して曲線の角度を調整できる
ハンドルの役割 … 方向線の向きや長さを調整できる

続いて次の青い■のポイントにカーソルを合わせてプレスして、同じように矢印に合わせて右上方向へドラッグします。ドラッグに合わせてまた方向線が作成されるので、曲線パスが点線に沿うようにドラッグして方向を調整しましょう 1・6 。

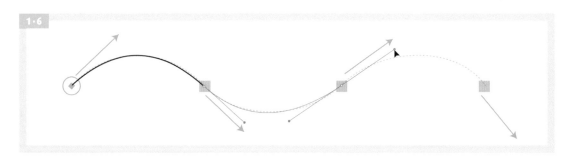

最後のポイントにカーソルを合わせてプレスし、ここから矢印に合わせて右下方向へドラッグします 1・7 。
ドラッグに合わせて方向線を調整して、青い■の間に描かれる曲線パスを下絵の点線に合わせます。escキーを押してパスの編集モードを終えます 1・8 。

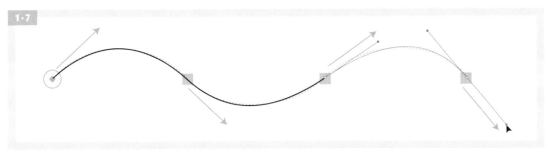

1･7

1･8

TIPS 曲線を調整したいときは［ダイレクト選択ツール］で選択

描いた曲線を調整するには、方向線やハンドルを利用します。［ダイレクト選択ツール］で曲線パスを選択すると、アンカーポイントの両側に方向線が表示されます。ハンドルをドラッグして方向線の向きや長さを変更することで、曲線の方向などを細かく調整することが可能です。

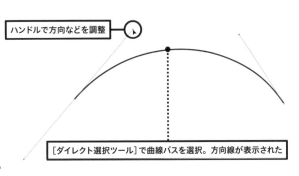

ハンドルで方向などを調整

［ダイレクト選択ツール］で曲線パスを選択。方向線が表示された

2 楕円形に合わせた曲線を描く

［**ペンツール**］を選び、課題ファイル「2」の楕円形上側の赤丸ポイントの中の■にカーソルを合わせます。マウスボタンをプレスし、矢印に合わせて右方向へドラッグすると、ドラッグした軌跡に方向線が作成されます 2･1 。

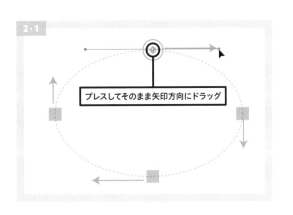

2･1

プレスしてそのまま矢印方向にドラッグ

169

ドラッグを終えて、すぐ下にある青い■のポイントにカーソルを合わせてマウスボタンをプレスし、矢印に合わせて下方向へドラッグします。作成される曲線パスが緑の点線に合うように、方向線の向きや長さをドラッグで調整します 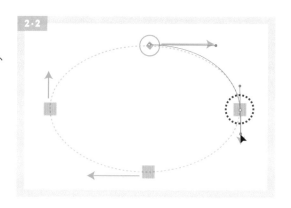 。

同様の手順を繰り返して、楕円形の下の位置にある青い■のポイントと左の位置にある青い■のポイントも曲線パスでつなぎます 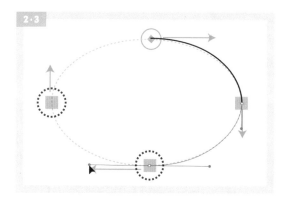 。

最後に、カーソルを始点となっている赤丸ポイントの中の■に合わせます 2·4 。カーソルのアイコンが○マークの付いたペンの形状に変わったらマウスボタンをプレスし、そのまま最初にドラッグを始めたときと同じように矢印に合わせて右方向へドラッグします。
始点と終点がつながり楕円形の「クローズパス」となり、escキーを押さなくても描画操作を終了した状態になります 2·5 。

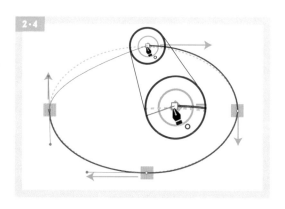

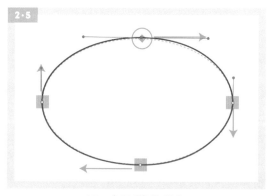

クローズパスが完成しました。

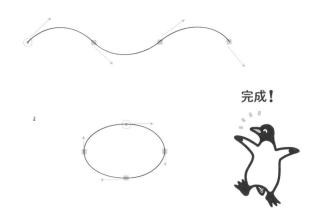

完成！

TIPS 始点の曲線パスにも注意して調整しよう

2・4 で始点と同位置でドラッグして方向線を作成するとき、 2・1 で最初に描いた曲線パスの方向線も同時に操作することになり、アンカーポイントの両端の曲線パスが同時にコントロールされる状態となります。どちらも下絵の軌跡に合うように、焦らずにゆっくりドラッグして調整しましょう。

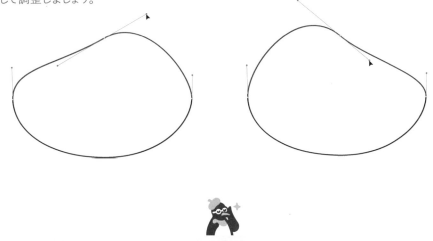

COLUMN アンカーポイントの位置が曲線の滑らかさを左右する

滑らかにつながる曲線を描くとき、「アンカーポイントをどこに作成するか」は大切なポイントです。この課題ファイルでは下絵にポイントを示していますが、実際にトレースしたり自由に描くときには、アンカーポイントを作成する場所を都度決めながら描きすすめる必要があります。絶対的な規定はありませんが、曲線の頂点に当たる部分にアンカーポイントを作成するよりも、曲線が始まる位置や曲線同士で曲がる方向が変わるような位置をアンカーポイントとして［ペンツール］でドラッグすると描きやすいでしょう。

STEP 3

ペンツールで
角度を変えてつながる
曲線を描こう

動画で確認　ハートのように曲がり具合の異なる曲線を［ペンツール］で描くときは、
アンカーポイント上での「一手間」が必要になります。思い通りに曲
線を描くために、この「一手間」をマスターしましょう。

完成図

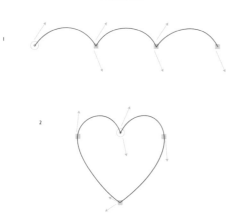

📁 sample/level5/STEP05-03.ai

事前準備

課題ファイル「STEP05-03.ai」を
開きます。［カラーパネル］で「塗
り：なし、線：R:0、G:0、B:0（黒）」
として、［線パネル］では初期設定の
「線幅：1pt」と設定しておきます。

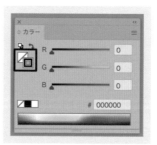

1 角度を変えてつながる曲線を描く

[**ペンツール**]を選びます 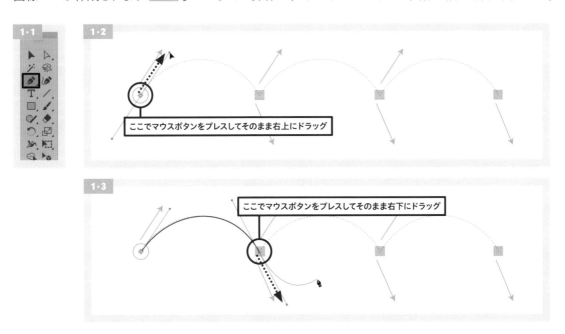 1・1 。課題ファイル「1」で、左端の赤丸ポイントの中の■にカーソル
を合わせてマウスボタンをプレスし、そのまま矢印に合わせて右上方向へドラッグすると 1・2 、ド
ラッグした軌跡に曲線の方向と長さをコントロールするための方向線が作成されます。続いて最初の
青い■のポイントの位置にカーソルを合わせてプレスし、下側の矢印に合わせて曲線パスが下絵の
緑の点線に沿うように右下方向へドラッグします。ドラッグを終えると、2つのアンカーポイントの間に
曲線パスが作成されます 1・3 。ここまでの操作は、なめらかにつながる曲線を描く場合と同じです。

最初の青い■のアンカーポイントの位置に再度カーソルを合わせます。カーソルのアイコンが「逆
のV」マークの付いたペンの形状に変わったら 1・4 、option(Win：Alt)キーを押しながらマウス
ボタンをプレスして、今度は上側の矢印に合わせて右上方向へドラッグします 1・5 。アンカーポ
イントから下へ伸びていた方向線がなくなり、ドラッグに合わせて新しい方向線が作成されます。

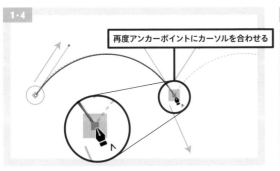

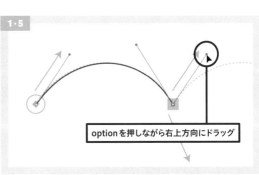

ペンツールをマスターしよう

LEVEL
5

4

3

2

1

173

ドラッグを終えると、アンカーポイント前にある曲線とは異なる向きで曲線パスが描ける状態になっています 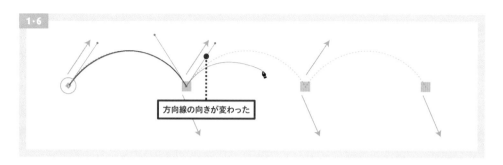 。

方向線の向きが変わった

次の青い ■ のポイントにカーソルを合わせて、下側の矢印に合わせて右下方向へドラッグし、右下方向へ方向線を伸ばします １・7 。先ほどと同様に、ドラッグの始点になっている青い ■ のアンカーポイントの位置に再度カーソルを合わせて、optionキーを押しながら上側の矢印に合わせて右上方向へドラッグします。ドラッグに合わせて新しい方向線が作成されます １・8 。

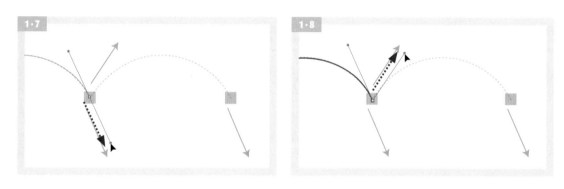

右端の青い ■ のポイントの位置にカーソルを合わせて、曲線パスが下絵に沿うように右下方向にドラッグしたら、escキーを押してパスの編集モードを終えます １・9 。

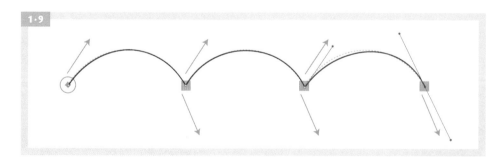

TIPS　optionキーを押すことを忘れずに！

optionキーを押しながらポイント上をドラッグすることで、曲線をつなぐアンカーポイントの両端に作成される方向線の向きをそれぞれ個別に操作できるようになります。このようなアンカーポイントは、特別に「コーナーポイント」と呼ばれています。コーナーポイントから伸びている方向線のハンドルを［ダイレクト選択ツール］で操作すると、ポイントの片側にある曲線パスだけをコントロールすることができます。曲線同士がスムーズにつながっているアンカーポイントは、「スムーズポイント」とも呼ばれます。

方向線を操作して、曲線パスの片側のみ調整できた

2.1

① マウスボタンをプレス
② 右上にドラッグ

2　ハート型を描く

［ペンツール］を選び、課題ファイル「2」のハート型の赤丸ポイントの中の■にカーソルを合わせます。マウスボタンをプレスし、上側の矢印に合わせて右上方向へドラッグすると、ドラッグした軌跡に曲線の方向と長さをコントロールするための方向線が作成されます 2.1 。

続いて右側の青い■の位置にカーソルを合わせてプレスし、矢印に合わせて下方向へドラッグします 2.2 。ドラッグを終えると2点間に曲線パスが描かれます 2.3 。

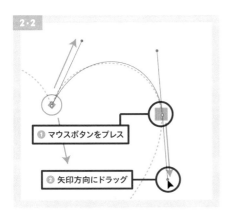

2.2

① マウスボタンをプレス
② 矢印方向にドラッグ

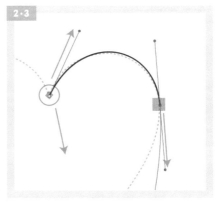

2.3

曲線パスが描かれました。

ペンツールをマスターしよう

LEVEL
5

4

3

2

1

175

ハート型の下にある青い■の位置にカーソルを合わせてマウスボタンをプレスし、下側の矢印に合わせて左下方向へドラッグします 。ドラッグを終えると、ドラッグした2点間に曲線パスが描かれます。

曲線パスが新たに描かれる

ハート型の下の位置にある青い■のポイントの位置に再度カーソルを合わせてマウスボタンをプレスし、optionキーを押しながら今度は上側の矢印に合わせて左上方向へドラッグして離します 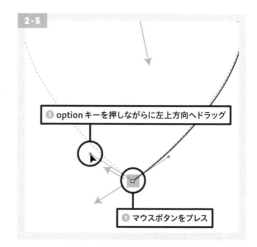。ドラッグに合わせて新しい方向線が作成されます。

❷ optionキーを押しながらに左上方向へドラッグ

❶ マウスボタンをプレス

続いて左側の青い■の位置にカーソルを合わせてマウスボタンをプレスした後、矢印に合わせて上方向へドラッグします 。ドラッグを終えると、ドラッグした2点間に曲線パスが描かれます。

最後に、カーソルを始点となっている赤丸ポイントの中の■に合わせます。カーソルのアイコンが
○マークの付いたペンの形状に変わったらoptionキーを押しながらマウスボタンをプレスし 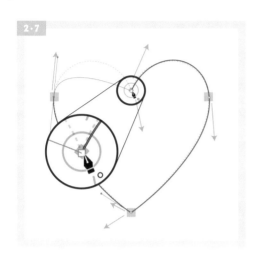 、
そのまま今度は下側の矢印に合わせて右下方向へドラッグします 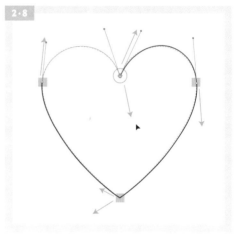 。始点と終点がつながり
ハート型のクローズパスが作成されます。 escキーを押さなくても描画操作を終了した状態になり
ます。

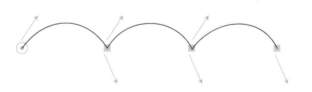

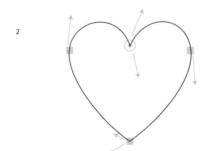

完成！

LEVEL 5

STEP 4

ペンツールで
曲線と直線を描こう

動画で確認

［ペンツール］で直線と曲線の区別を気にせずに自由に描けるようになると、いろいろな形状を［ペンツール］だけで描くことができるようになり、とても効率的です。描きたい形を手軽に描けるようになります。

このSTEPで使用する主な機能

ペンツール

アンカーポイント

コーナーポイント

完成図

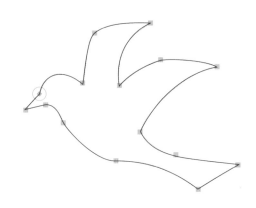

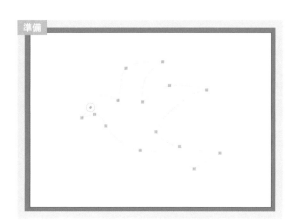

準備

📁 sample/level5/STEP05-04.ai

事前準備

課題ファイル「STEP05-04.ai」を開きます。［カラーパネル］で「塗り：なし、線：R:0、G:0、B:0（黒）」として、［線パネル］では初期設定の「線幅：1pt」と設定しておきます。

[**ペンツール**]を選びます 。下絵の赤丸ポイントの中の■にカーソルを合わせてマウスボタンをプレスし、右上方向にドラッグして、下絵の緑の線を右回りでトレースして行きます 。次の青い■のポイントでプレスして右下方向にドラッグすると、鳥の頭の輪郭が描けます 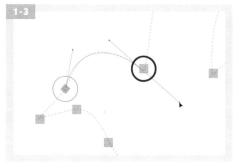。

次の線の方向は曲線の向きが異なるため、直前にドラッグした青い■のポイント上をoption（Win：Alt）キーを押しながら少し上方向に再度ドラッグして離します 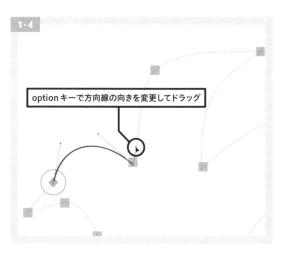。

次の青い■のポイント上をプレスしたら右方向にドラッグして、翼の輪郭になる曲線を描きます 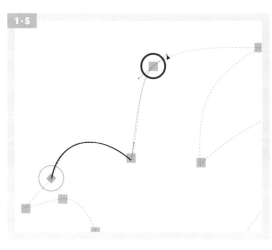。続いて翼の先端にあたる次の青い■のポイントでプレスして右方向にドラッグして曲線を描きつなげます 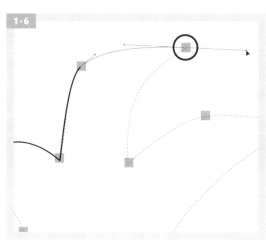。

翼の先端でまた曲線の向きが変わるため、同位置のアンカーポイント上をoptionキーを押しながら左下方向にドラッグして、異なる方向に方向線を作成します 。次の青い ■ のポイントでマウスボタンをプレスしたら、右下方向にドラッグして、描かれるパスの軌跡が下絵に添うようにします。

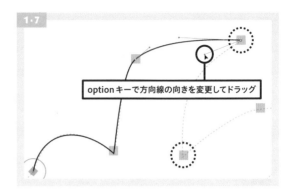

option キーで方向線の向きを変更してドラッグ

TIPS　commandキーで［ダイレクト選択ツール］に切り替え可能

［ペンツール］でドラッグした後にcommandキーを押すと、キーを押している間だけ［ダイレクト選択ツール］に切り替えることができます。切り替えた［ダイレクト選択ツール］で、描いた曲線パスのハンドルを操作すると、パスを描きながら軌跡を微調整することができます。

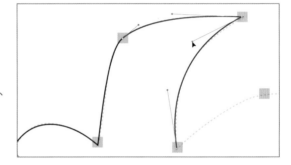

TIPS
曲線を描くとき方向線の長さは、描きたい曲線の3分の1程度にすると思い通りの軌跡に仕上げやすくなります。

同様の手順を繰り返して、青い ■ の位置にアンカーポイントを作成しながら曲線を描きます。曲線がスムーズにつながっている箇所はそのままドラッグを続け、曲線の角度が変化しているポイントはoptionキーを押しながら再度同位置からドラッグすることでコーナーポイントにします。尾羽の上の部分まで描きすすめましょう 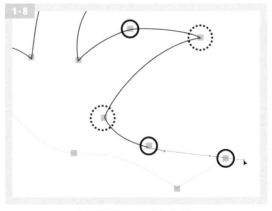 。

点線部分がコーナーポイントです。

2 曲線から直線につなぐ

この鳥のシルエットは、 `2・1` の赤い線は曲線として、グ
レーの線は直線として描きます。

`1・8` の尾羽の上の部分まで輪郭を描けたら、直前の青い
■にカーソルを合わせます `2・2` 。カーソルのアイコンが
「逆のV」マークの付いたペンの形状に変わったことを確認
してクリックします。すると、次の曲線をコントロールするた
めの方向線が消えて、直線を描けるようになります。次の
青い■のポイントでクリックすると、直前にクリックした2つ
のアンカーポイント間は直線が描かれます `2・3` 。

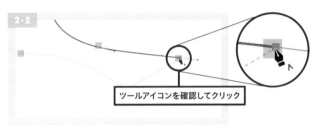

ツールアイコンを確認してクリック

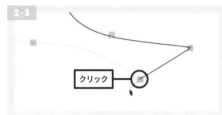

クリック

直線が描けました。

3 直線から曲線につなぐ

尾羽の端から再度、曲線にて鳥の胴体の輪郭を描きます。直前にクリックした青い■の位置に
カーソルを合わせます `3・1` 。カーソルのアイコンが「逆のV」マークの付いたペンの形状に変
わったことを確認したら、左上方向にドラッグして方向線を作成します。続いて次の青い■の位置
で左下方向へドラッグして、2つのアンカーポイント間を曲線でつなぎます `3・2` 。

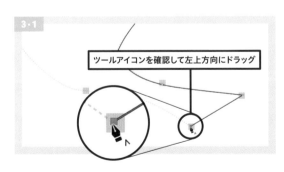

ツールアイコンを確認して左上方向にドラッグ

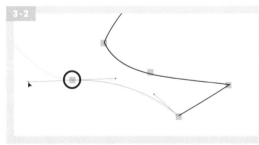

これまでの操作と同様に、青い■をドラッグして曲線を作成して鳥のシルエットを描きます。
くちばしの部分は直線で描くため、 `2・2` の手順で直前のアンカーポイント上をクリックして、曲線
から直線に切り替えましょう `3・3` 。最後に始点と同位置のアンカーポイント上をクリックして直線
から曲線につなぎ、クローズパスを完成させます `3・4` 。

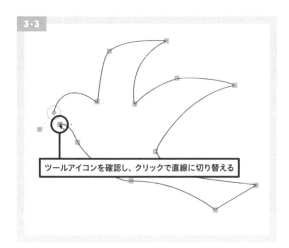

3·3

ツールアイコンを確認し、クリックで直線に切り替える

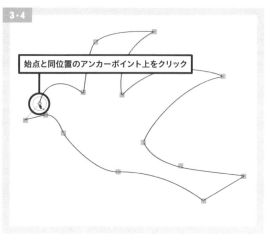

3·4

始点と同位置のアンカーポイント上をクリック

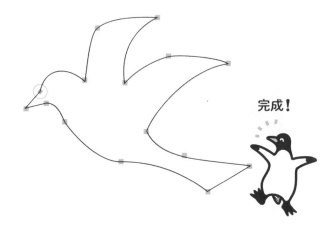

完成！

 TIPS 「線がうまく引けない！」……そんなときはヒントレイヤーを活用して

課題ファイル「STEP05-04.ai」には、曲線パスを描画
するときにヒントになるレイヤーが非表示の状態で用
意されています。［レイヤーパネル］で「レイヤー2」を
表示すると、すべてのパスの方向線が表示された状態
の画像が下絵として表示されます。この下絵の方向線
に合わせて［ペンツール］でドラッグすれば、それぞ
れの曲線に合わせたパスを描くことができるでしょう。

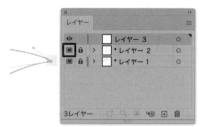

STEP 5

アンカーポイントを
追加・削除しよう

このSTEPで使用する
主な機能

アンカーポイントの
追加ツール

アンカーポイントツール

アンカーポイントの
削除ツール

ダイレクト選択ツール

動画で確認

［ペンツール］で線を描くということは、［ペンツール］でアンカーポイントを作ることでも
あります。パスを描いた後でもアンカーポイントを追加したり削除することで、線の輪郭
を大きく変えることができます。そのための専用ツールの使い方もマスターしましょう。

完成図

準備

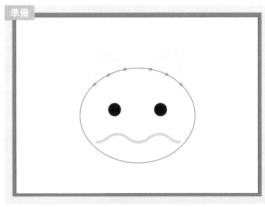

⬚ sample/level5/STEP05-05.ai

事前準備

課題ファイル「STEP05-05.ai」を開きます。困っ
た顔のようなイラストが描かれたファイルが表示
されます。

ペンツールをマスターしよう

LEVEL
5

4

3

2

1

1・1

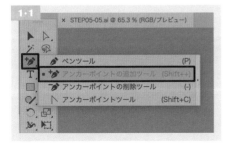

1 アンカーポイントを追加して「耳」を作る

［**アンカーポイントの追加ツール**］を選びます 1・1 。

顔の輪郭上にある左端の青い■の上をクリックします。クリックした位置のパス上に新たにアンカーポイントが作成されます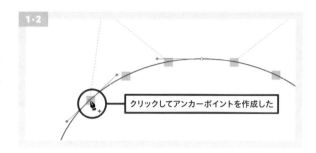。

続いて右側にある青い■の上を、同様に[**アンカーポイントの追加ツール**]でクリックしてアンカーポイントを追加し、同様の手順を繰り返して、青い■の位置に全部で6個のアンカーポイントを追加します 1·3 。

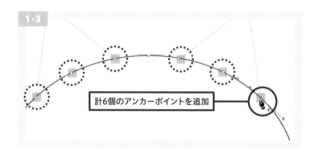

[**ダイレクト選択ツール**] 1·4 で、左から2番目の青い■の上に作成したアンカーポイントにカーソルを合わせます 1·5 。下絵に合わせて「耳」の頂点に来るようにアンカーポイントをドラッグします 1·6 。

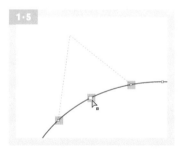
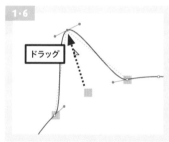

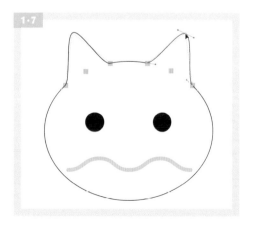

続いて右から2番目の青い■の上に作成したアンカーポイントも、同様に「耳」の頂点に来るようにドラッグします 1·7 。楕円形の輪郭線上にアンカーポイントを追加することで、猫の顔のような形にアレンジすることができました。

［**アンカーポイントの追加ツール**］で曲線上に作成したアンカーポイントは、自動的に曲線同士が滑らかに接続している「スムーズポイント」（175ページ参照）となっています。このため、ドラッグして「耳」にした位置のアンカーポイントは、曲線でつながった状態になっています。下絵に合わせて耳の輪郭が直線になるように調整しましょう。

［**アンカーポイントツール**］を選択し 2・1 、左耳の頂点にあるアンカーポイントにカーソルを合わせてクリックします 2・2 。アンカーポイントの方向線が削除され、直線をつなぐアンカーポイントに切り替わります 2・3 。右耳のアンカーポイントも、同様に直線のアンカーポイントに切り替えておきます。

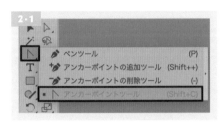
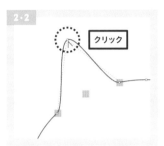

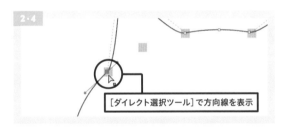

このままでは、まだ耳の輪郭は曲線のままです。［**ダイレクト選択ツール**］で左耳の左端のアンカーポイントをクリックして選択します。アンカーポイントの両側に曲線をコントロールするための方向線が表示されます 2・4 。

再度［**アンカーポイントツール**］を選択し、右方向に伸びている方向線の先のハンドル部分にカーソルを合わせてクリックします 2・5 。方向線が削除され、アンカーポイントの右側につながるパスが曲線から直線に変わります 2・6 。

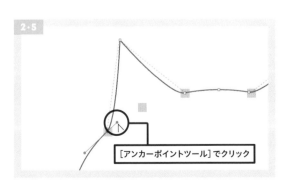
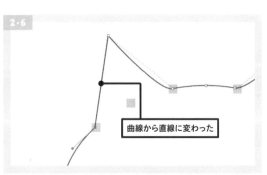

185

同様の手順で、両耳の曲線の方向線のハンドルを[**アンカーポイントツール**]でクリックして削除します 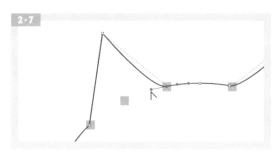  。

![TIPS] **TIPS** スムーズポイントからコーナーポイントに変換できる［アンカーポイントツール］

［アンカーポイントツール］は、スムーズポイントをクリックすることでコーナーポイントに変換することができます。方向線のハンドルをクリックすれば、方向線を削除できます。直線間のアンカーポイントやコーナーポイント上を［アンカーポイントツール］でドラッグすると、曲線の向きが自然につながるスムーズポイントになります。

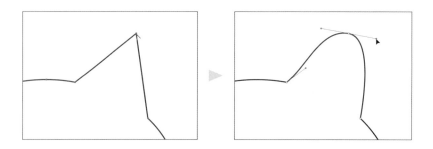

3 アンカーポイントを削除する

[**ダイレクト選択ツール**]を選んで、イラストの「口」にあたるパスをクリックして選択します。パス上にあるアンカーポイントの位置が確認できるようになります 。

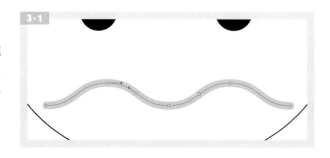

[**アンカーポイントの削除ツール**]を選択します 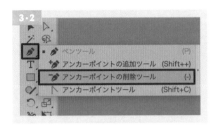 3・2 。口に当たるパスの一番左端にあるアンカーポイント上にカーソルを合わせてクリックします 3・3 。クリックした位置のアンカーポイントが削除され、描かれていたパスも消えます 3・4 。

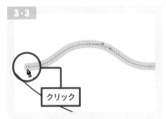
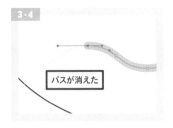

左端になったアンカーポイント上で再度クリックして 3・5 、このアンカーポイントまでのパスも削除します 3・6 。同様の手順で、パスの右端と右端から2番目のアンカーポイントも削除します。中央部の曲線パスだけが残り、笑っている猫の顔のようなイラストになります。

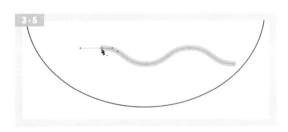

完成！

TEST

ペンツールで
ワンポイントイラストを
描こう

このSTEPで使用する
主な機能

ペンツール

パス上文字ツール

カラーパネル

文字パネル

動画で確認

これまでのSTEPで［ペンツール］で描いた形を取り入れて、ウェディング用のポイントイラストを描きます。この課題ファイルには、アンカーポイントの地点を示すマークは入っていません。どこでドラッグ・クリックするかを考えながら描きすすめましょう。

完成図

準備

📁 sample/level5/STEP05-TEST.ai

事前準備

課題ファイル「STEP05-TEST.ai」を開きます。飛ぶ鳥のシルエットやハート型、リボンなどの下絵が用意されたファイルが表示されます。

 TIPS 「線がうまく引けない！」……そんなときはヒントレイヤーを活用して

課題ファイル「STEP05-TEST.ai」には、曲線パスを描画するときにヒントになるレイヤーが非表示の状態で用意されています。［レイヤーパネル］で「レイヤー2」を表示すると、主要なパスの方向線が表示された状態の画像が下絵として表示されます。アンカーポイントを置く場所や方向線の長さ・向きなどに迷ったら、この下絵レイヤーを表示してガイドとして利用してください。

制作のためのヒント

1　最初は[**カラーパネル**]で「塗り：なし、線：R:0、G:0、B:0（黒）」、[**線パネル**]で初期設定の「線幅：1pt」と設定して線を描きます。すべてのパーツを描き終わったところでカラー設定を行うと、効率よく描画できるでしょう。

2　完成図で使用している英字のフォントは「Trajan」です。このほかのフォントを使用してもOKです。「Trajan」を使用する際は、あらかじめAdobe Fontsでフォントをアクティベートしておきます（134ページ参照）。

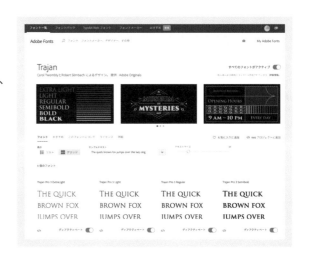

3　ハート型、鳥のシルエットは、それぞれSTEP 3とSTEP 4で描いたオブジェクトの角度を少し変えたものです。アンカーポイントをどこに置くか迷ったときは、それぞれのSTEPの課題ファイルを参照してください。

4　リボン→リボンの上の文字→ハート型→飛ぶ鳥、という順番でそれぞれのオブジェクトを描きすすめると、カラー設定をスムーズに行えます。オブジェクトの前後関係を入れ替えたいときは、213ページを参照してください。

5 　リボンの上の文字は、最初に文字を添わせるための曲線パスを左から右へ[**ペンツール**]で描きます。このパス上を[**パス上文字ツール**]でクリックして文字を入力します。この完成図では、「フォントファミリ：Trajan Pro 3」「フォントスタイル：Bold」「フォントサイズ：32pt」と設定しています。

6 　[**ペンツール**]でドラッグして曲線を描くとき、最初から下絵にぴったりパスが合うように描く必要はありません。最初はおおまかに下絵に合うように描いておいて、あとで[**ダイレクト選択ツール**]で方向線やハンドル、またパス自体をドラッグすることで調整を行うとよいでしょう。

7 　この完成図では、リボンは「塗り：R:211、G:68、B:93」、鳥は「塗り：R:0、G:184、B:216」、ハート型は「塗り：R:255、G:182、B:248」と設定しています。

 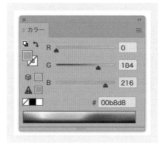 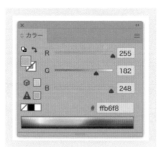

LEVEL 6

図形のアレンジを
マスターしよう

Illustratorには、図形のサイズを変えたり、反転したりといったアレンジ機能が多く備わっています。図形の前後関係を変更する、自由変形を使いこなすなど、アレンジを自在にできるようになると表現の幅がぐっとひろがります。まずは基本のアレンジをマスターしましょう。

LEVEL 6

STEP 1

**このSTEPで使用する
主な機能**

拡大・縮小ツール

選択ツール

図形のサイズを
アレンジしよう

動画で確認 図形を拡大・縮小するには、LEVEL 2でマスターしたバウンディングボックスによる
操作だけでなく、専用の［拡大・縮小ツール］を利用する方法もあります。専用ツー
ルを使えば比率を指定できるなど、より自由度の高いアレンジができます。

完成図

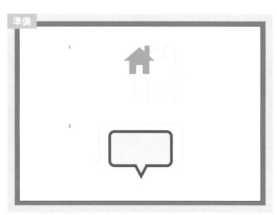

sample/level6/STEP06-01.ai

事前準備

課題ファイル「STEP06-01.ai」を開きます。変
形の元になる2種のイラストが描かれたファイル
が表示されます。

1　バウンディングボックスを利用して拡大する

［**選択ツール**］で課題ファイル「1」の家のイラストをクリッ
クして選びます **1·1** 。

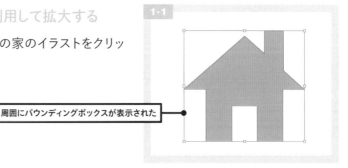

周囲にバウンディングボックスが表示された

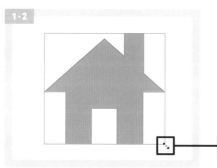

バウンディングボックス右下のハンドルを、shiftキーを押しながら右下方向へドラッグして下絵に沿うよう拡大します 1・2 。

shiftキーを押しながらドラッグ

TIPS バウンディングボックスで拡大・縮小するときの注意点

バウンディングボックスを使用した拡大・縮小では、ドラッグするハンドルの対角線上にあるハンドルの位置が支点となって、イラストが拡大・縮小されます。option(Win：Alt)キーを押しながらドラッグすると、どのハンドルをドラッグしていてもイラストの中心を支点としてサイズを変更することができます。
またshiftキーを押しながらドラッグすると、縦横の比率を変えずにイラストのサイズを拡大・縮小することができます。

2 ［拡大・縮小ツール］を利用して拡大する

［**選択ツール**］で課題「2」のふきだしのイラストを選択します。
［**拡大・縮小ツール**］を選ぶと 2・1 、吹き出しの中心に、拡大・縮小の支点となるポイントが表示されます 2・2 。
画面上をドラッグすると、この支点を中心に吹き出しのイラストが自由に拡大・縮小されます。横方向にドラッグするとイラストの幅が、縦方向にドラッグするとイラストの高さが変化します 2・3 2・4 。

拡大・縮小の支点

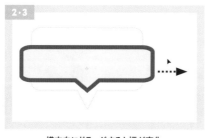

横方向にドラッグすると幅が変化

縦方向にドラッグすると高さが変化

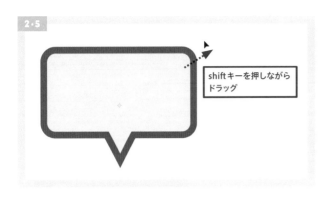

2·5

shiftキーを押しながら
ドラッグ

バウンディングボックスを利用した拡大・縮小と同様、shiftキーを押しながら[**拡大・縮小ツール**]で斜めにドラッグすると、縦横の比率を変えずにイラストのサイズを拡大・縮小することができます。下絵の点線に添うように、shiftキー＋ドラッグで吹き出しのイラストを拡大します 2·5 。

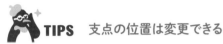

TIPS　支点の位置は変更できる

対象になるオブジェクトを選択した後、[拡大・縮小ツール]ですぐにドラッグせずにいったん画面上の任意の位置をクリックすると、クリックした場所を支点としてイラストを拡大・縮小することができます。イラストから離れた位置に支点を設定することも可能です。

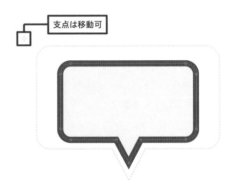

支点は移動可

3　比率を指定して縮小コピーを作成する

拡大したふきだしのイラストが選択された状態にあることを確認して、[**ツールバー**]の[**拡大・縮小ツール**]アイコン上をダブルクリックすると 3·1 数値で拡大・縮小の比率を指定できる[**拡大・縮小ダイアログ**]が表示されます 3·2 。

TIPS
ダイアログは[拡大・縮小ツール]で画面上をoption（Win：Alt）キー＋クリックでも開けます。この場合、クリックした位置を中心にオブジェクトが拡大・縮小されます。

ダブルクリック

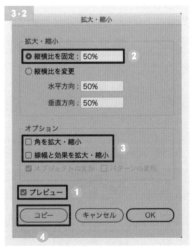

［拡大・縮小ダイアログ］で「プレビュー」（①）に
チェックを入れると、オブジェクトの外観を確認しな
がらパネルで設定を行えます。

「オプション」項目（③）にチェックを入れず「縦横比
を固定：50%」に設定する（②）と、線幅や角丸の
サイズなどは元の設定のまま、吹き出しのサイズだ
けが縮小された状態になります 3・3 。

「オプション」（③）の両項目をチェックしておくと、線
幅や角丸のサイズも縮小比率に合わせてリサイズさ
れます。

「コピー」ボタン（④）をクリックすることで、オブジェ
クトを［拡大・縮小ダイアログ］に指定した内容で複
製することができます 3・4 。

図形のアレンジをマスターしよう

LEVEL
6

1

2

5

4

3

2

完成！

1

このSTEPで使用する
主な機能

回転ツール

選択ツール

変形の繰り返し

鉛筆ツール

図形を回転させよう

動画で確認

図形全体を回転させるにはLEVEL 2でマスターしたバウンディング
ボックスでも行えますが、回転の角度を指定したり、回転させながら
コピーを作成するときには専用の［回転ツール］が便利です。

完成図

📁 sample/level6/STEP06-02.ai

事前準備

課題ファイル「STEP06-02.ai」を開きます。変
形の元になる2種のイラストが描かれたファイル
が表示されます。

1 中心を指定して回転コピーを作成する

［**選択ツール**］で課題ファイル「1」のハート型をクリックして選
びます **1·1** 。

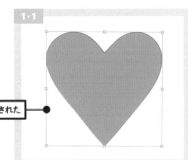

周囲にバウンディングボックスが表示された

[**回転ツール**]を選びます  。ハート型の中心の位置に回転の中心になるポイントが表示されます 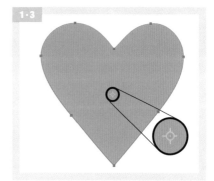 。

[**回転ツール**]で、ハート型の最下部のアンカーポイントをクリックします。回転の中心を示すポイントがこの位置に変わります  。カーソルが十字から楔型に変わります。

回転の支点が移動した

option(Win：Alt)キーとshiftキーを押しながら右斜め下方向へドラッグすると、 1·4 のポイントを中心にハートが時計回りに90度回転した状態でコピーされます 1·5 。

 TIPS shiftキーを同時押しして回転の角度を制限する

[回転ツール]でオブジェクトを回転させるとき、shiftキーを押しながらドラッグすると、回転の角度を「45°/90°」に制限することができます。またoptionキーを押しながらドラッグすると、回転させたコピーを作成することができます。

この後、 1·4 ～ 1·5 の操作を2回繰り返すとコピーが2つ作成されます。中心点を同じ位置にしたままで回転コピーの作成を続けたいときは、 1·4 を省略することもできます。この場合はドラッグ開始後にoption(Win：Alt)キーとshiftキーを押します。
ハート形を四つ葉のクローバーにアレンジできました 1·6 。

2 ドラッグで自由に回転する

[**選択ツール**]で、 `1･6` で描いた四つ葉のクローバーを囲むようにドラッグして全体を選択します `2･1` 。周囲にバウンディングボックスが表示されます。

[**回転ツール**]を選ぶと、バウンディングボックスが消え、中央には中心点が表示されます `2･2` 。四つ葉のクローバーのイラストを回すようなイメージでイラストの外側を円形にゆっくりドラッグします。中心点を軸に葉の向きが回転されて変わります `2･3` 。

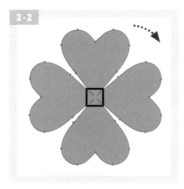

 TIPS ［鉛筆ツール］で茎を描画する

［鉛筆ツール］で茎を曲線で描き加えると、さらにクローバーらしくなります。この作例では、［線パネル］で「線幅：6pt、線端：丸型先端」と設定した線を追加しました。

3 角度を指定して回転コピーを作成する

[**選択ツール**]で課題ファイル「2」の黄色いイラストをクリックして選びます。

[**回転ツール**]を選び、黄色いイラストの下部のアンカーポイントと同位置をoption(Win：Alt)キーを押しながらクリックします `3･1` 。

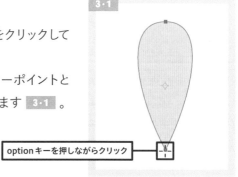

optionキーを押しながらクリック

3·1 でクリックした位置が回転の中心になり、回転の角度などを設定するための[**回転ダイアログ**]が表示されます。
「角度：45°」と入力し、「コピー」ボタンをクリックしてダイアログを閉じます 3·2 。事前にクリックした位置を中心に、45°回転された位置にコピーが作成されます 3·3 。

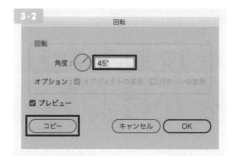

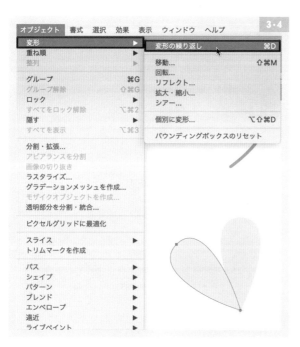

同じ操作を繰り返し行うときは、[**回転ツール**]ではなく[**オブジェクト**]メニュー→[**変形**]→[**変形の繰り返し**]（またはcommand+Dキー）を実行すると便利です 3·4 。コマンドを6回繰り返すことで、45°ずつ回転したイラストが6個作成され 3·5 、花のイラストが作成されました。

完成！

LEVEL 6

STEP 3

図形を反転したり斜体をかけよう

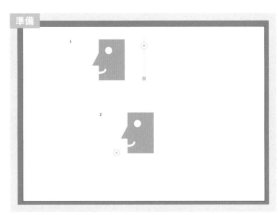

動画で確認

向きを反転させたり斜め方向に倒すなどのアレンジを加えることで、1つの図形にさまざまな表情を加えることができます。図形を反転する・斜体をかける方法もマスターしておきましょう。

完成図

2

準備

📁 sample/level6/STEP06-03.ai

事前準備

課題ファイル「STEP06-03.ai」を開きます。変形の元になるイラストが描かれたファイルが表示されます。

1 図形を垂直線を軸に反転する

[**選択ツール**]で課題ファイル「1」のイラストをクリックして選びます **1·1**。

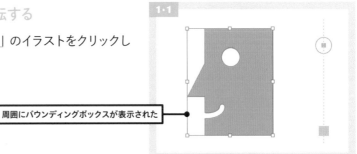

1·1

周囲にバウンディングボックスが表示された

[**リフレクトツール**] を選びます 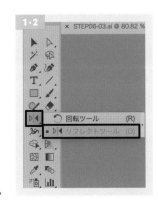 1·2 。 1·1 のバウンディングボックスが消え、カーソルが「十」に変わります。赤丸ポイントの中の■にカーソルを合わせてクリック（❶）し、カーソルの形状が黒いくさび型に変わったら、青い■をクリック（❷）します 1·3 。

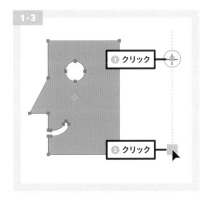

TIPS

このように軸となる2箇所を指定することで、図形を「線対称」として反転させることができます。この手順を行わず、[リフレクトツール] で図形をドラッグすると、図形の中心を支点とした「点対称」として図形を反転させることができます。

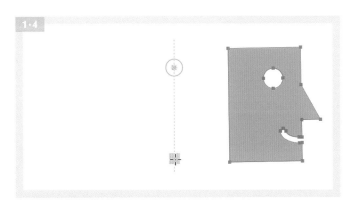

赤丸ポイントの中の■と次にクリックした青い■をつなぐ直線を軸としてイラストが反転され、左向きの顔のイラストが右向きに変わります 1·4 。

図形のアレンジをマスターしよう

LEVEL
6

5

4

3

2

1

![TIPS] **うまく活用して作業効率アップ！**

「反転」は図形をさまざまな形で展開することができます。左右対象のマークも左半分だけを描いて反転コピー（手順 3 のダイアログの使用を参照）を作成すれば、描画作業の効率も向上します。

2　図形に斜体をかける

[**選択ツール**]に切り替え、反転した図形の外側をクリックしていったん選択を解除してから、図形をクリックして選択しなおします 。この状態で[**シアーツール**]を選ぶと 、図形の中心に斜体（シアー）の中心となる水色の点が表示されます 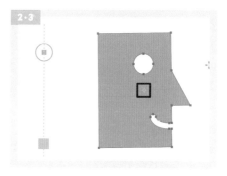。

画面上を右方向へゆっくりドラッグすると、イラストが引っ張られるように斜体がかかった形状に変わっていきます。 shiftキーを押しながらドラッグすると、斜体の方向を「水平／垂直／45°」に制限して変形できます 2・4。

3　反転コピーと斜体で図形にシャドウを追加する

[**選択ツール**]で課題ファイル「2」のイラストを選び、[**リフレクトツール**]を選択します。赤丸の■に「十」カーソルを合わせ、option(Win：Alt)キーを押しながらクリックします 3・1。

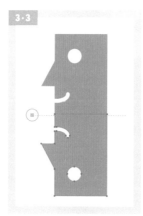

表示される[**リフレクトダイアログ**]で「リフレクトの軸：水平」を選択し、「コピー」をクリックしてダイアログを閉じます 3・2。クリックした位置を通る水平線を軸に反転コピーが作成されます 3・3。

作成された反転コピーは、[**カラー
パネル**]で「塗り：R:185、G:185、
B:185、線：なし」と変更しておきま
す。続いて[**シアーツール**]を選び、
同様に下絵の赤丸の■に「十」カー
ソルを合わせてoptionキーを押し
ながらクリックします　3・4　。表示
される[**シアーダイアログ**]で、「シ
アーの角度：-35°、方向：水平」と
設定して「OK」をクリックしてダイ
アログを閉じます　3・5　。

option キーを押しながらクリック

クリックした位置を通る水平線を軸に、図形に-35°の斜体が
かかります　3・6　。最後に[**オブジェクト**]メニュー→[**重ね
順**]→[**最背面へ**]を適用して　3・7　、斜体をかけたイラスト
が元のイラストの背面になるように調整しておきましょう。反
転コピーの色を変えて斜体をかけたことで、元のイラストに逆
光のシャドウが追加されたようなイメージに仕上がります。

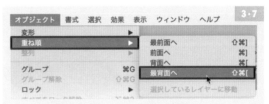

完成！

STEP **4**

図形に遠近感が
出るようにアレンジしよう

動画で確認

図形の輪郭全体を不規則に歪ませるような変形ができるのが
[自由変形ツール] です。[自由変形ツール] を利用すると、
平面的な図形に遠近感を演出することができます。

完成図

事前準備

課題ファイル「STEP06-04.ai」を開きます。変
形の元になるイラストが描かれたファイルが表
示されます。

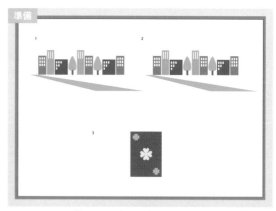

準備

📁 sample/level6/STEP06-04.ai

1 イラストを斜め方向に歪める

[**選択ツール**]で課題ファイル「1」のイラストをクリックして選択します  。イラスト全体がグループ化されているため、イラスト上のどこかをクリックすれば全体が選択できます。

バウンディングボックスが表示された

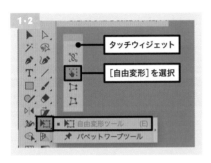

タッチウィジェット

[自由変形]を選択

[**自由変形ツール**]を選ぶとサブツールである[**タッチウィジェット**]が表示されます。[**自由変形**]を選択します 。

バウンディングボックスの右辺中央のポイントにカーソルを合わせます。カーソルが十字方向に矢印のある形に変わります 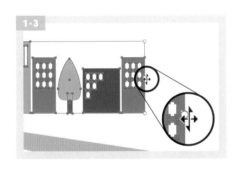 。そのまま下方向へドラッグすると、ドラッグしたポイントを引っ張るような感覚で、イラスト全体を斜め方向に歪ませることができます  。イラストの輪郭の下方がグレーのオブジェクトに沿うようにドラッグすると、平面的なイラストが斜め方向の道に沿って建っているような印象にアレンジされます。

TIPS タッチウィジェット

[シアーツール]でも図形に斜体をかけることができますが、タッチウィジェットの[自由変形]は、拡大縮小や回転などの操作と合わせて変形させることが可能です。また、タッチウィジェットの[縦横比固定]をクリックして「オン」にしておくと、元の図形の縦横比率を保持して変形することができます。

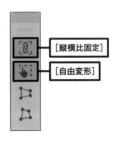

[縦横比固定]

[自由変形]

図形のアレンジをマスターしよう

LEVEL
6

5

4

3

2

1

205

2 イラストに遠近感を出す

[**選択ツール**]で課題ファイル「2」の街並みのイラストをクリックして選択します
2・1 。

バウンディングボックスが表示された

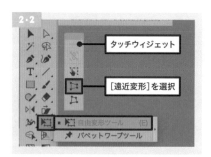

タッチウィジェット

[遠近変形]を選択

自由変形ツール　(E)

パペットワープツール

[**自由変形ツール**]を選び、表示されるタッチウィジェットで
[**遠近変形**]を選択します **2・2** 。

バウンディングボックス右下のポイントにカーソルを合わせると、カーソルの形状が[**遠近変形**]に変わります **2・3** 。
そのまま下方向へドラッグすると、イラスト全体が左から右方向へ遠近感のある状態に変形されます **2・4** 。タッチウィジェットの[**自由変形**]を使うよりも、より立体的な表現になります。

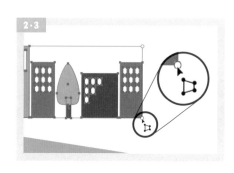

TIPS　[遠近変形]で水平方向にドラッグすると……?

[遠近変形]で水平方向にドラッグすると垂直方向に遠近感が出るように変形が適用されます。

3 　四隅の1箇所を支点にイラストを歪ませる

［**選択ツール**］で課題ファイル「3」のイラストをクリックして
選択します。イラスト全体がグループ化されているため、イ
ラスト上のどこかをクリックすれば全体を選択できます。
［**自由変形ツール**］を選び、表示されるタッチウィジェットで
［**パスの自由変形**］を選択します 3・1 。

3・1

タッチウィジェット

［パスの自由変形］

自由変形ツール　　(E)
パペットワープツール

バウンディングボックス右上のポ
イントにカーソルを合わせると、
カーソルの形状が［**パスの自由
変形**］に変わります 3・2 。そ
のままポイントを右上方向へド
ラッグすると、ドラッグしたポイン
トを引っ張るようにイラスト全体
が歪んで変形します 3・3 。

3・2

3・3

図形のアレンジをマスターしよう

LEVEL
6

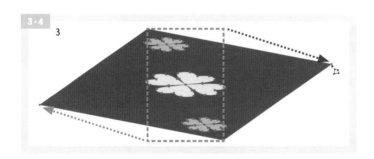

3・4

3

ドラッグする際、option（Win：Alt）
キーを押すと、ドラッグしているポ
イントと対角線上にあるポイント
も対称的に変形されます。平面
的な図形をアイソメトリックな構
成にアレンジできます 3・4 。

5

4

3

2

1

1

2

完成！

3

LEVEL 6

STEP 5

(10分)

図形の位置を 揃えよう

このSTEPで使用する
主な機能

整列

整列パネル

キーオブジェクト

コントロールバー

動画で確認

印刷物でもWebサイトでも美しくわかりやすいレイアウトを実現する
ためには、「一定の法則に添って位置を整える」ことが重要です。
複数の図形の位置を揃える方法をマスターしておきましょう。

完成図

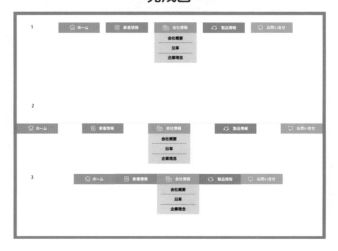

事前準備

課題ファイル「STEP06-05.ai」を開きます。
Webサイトのメニューパーツがバラバラに配
置されたファイルが表示されます。

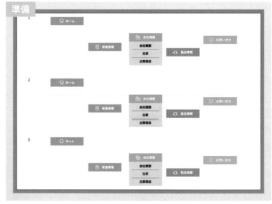

準備

sample/level6/STEP06-05.ai

1 上部を基準に位置を揃える

[**選択ツール**]で課題ファイル「1」のすべてを囲むようにドラッグして選択します 1·1 。メニューパーツはそれぞれの項目ごとにグループ化された状態になっています。

1·1

全体を囲むようにバウンディングボックスが表示された

複数のオブジェクトを選択していると、[**コントロールバー**]([ウィンドウ]→[コントロール]で表示)にはオブジェクトを整列させるためのボタンなどが表示されます。整列の基準を指定するプルダウンメニューから「選択範囲に整列」を選びます(❶)。

続いて「垂直方向上に整列」ボタンをクリックすると(❷) 1·2 、選択していたメニュー項目が図形の上端の位置に揃います 1·3 。

1·2

1·3

上端の位置に揃った

さらに「水平方向中央に分布」ボタンをクリックすると(❸)、それぞれのメニュー項目の間隔が均等になります 1·4 。

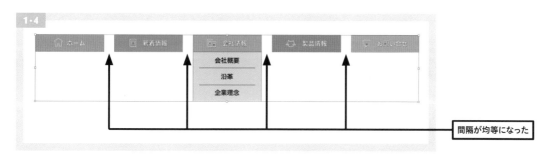

1·4

間隔が均等になった

 **TIPS** 整列パネル

[整列パネル]にも同様に図形を整列・分布させるための項目が用意されています。

どちらのパネルでも、「垂直方向上」のほか、「垂直方向下」「垂直方向中央」などさまざまな基準で図形を揃えることができます。

2 特定の図形を基準に位置を揃える

[**選択ツール**]で課題ファイル「2」のメニューパーツすべてを囲むようにドラッグして選択します `2·1` 。ここでは、緑色の点線上にある「会社情報」の位置を基準に図形を揃えていきます。

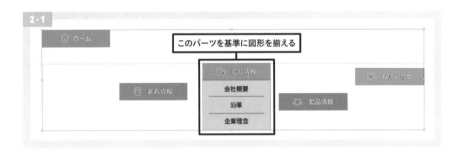

全体が選択されている状態で、[**選択ツール**]で「会社情報」のメニューパーツをクリックしてキーオブジェクトに設定します。選択を示す輪郭線が二重になります `2·2` 。

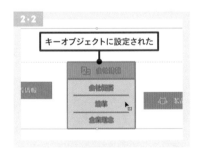

 **TIPS** キーオブジェクトを指定する

選択されているオブジェクトをさらに[選択ツール]でクリックすることで、整列や分布の基準となる「キーオブジェクト」として図形を指定できます。

[**コントロールバー**] 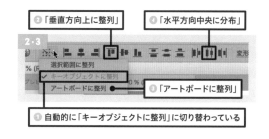 を見ると、整列の基準を
指定するプルダウンメニューが自動的に「キーオブ
ジェクトに整列」(❶)に切り替わっています。
この状態で「垂直方向上に整列」ボタンをクリック
すると(❷)、「会社情報」のメニューパーツの位置
を基準に上端の位置に揃います。上記プルダウン

メニューから「アートボードに整列」(❸)を選びます。「水平方向中央に分布」ボタン(❹)をクリックす
ると、今度はアートボードを基準にしてそれぞれのメニュー項目の間隔が均等に配置されます  。

3 　図形同士の間隔を指定して配置する

[**選択ツール**]で課題ファイル「3」のメニューパーツすべてを囲むようにドラッグして選択します。こ
こでは、図形の位置を揃えた後に、それぞれのメニューの間隔を指定して配置します  。

[**コントロールバー**] 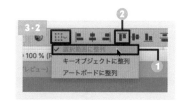 で整列の基準を指定するプルダウンメ
ニューから「選択範囲に整列」(❶)を選び、続いて「垂直方向上
に整列」ボタン(❷)をクリックしてメニュー項目を図形の上端の位
置で揃えます 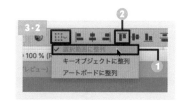 。

［**選択ツール**］で「会社情報」を
クリックしてキーオブジェクトに設
定したら［**整列パネル**］を表示して
「水平方向等間隔に分布」ボタン
をクリックし、「等間隔に分布」に
「0px」と入力します。 **3・4** 。そ
れぞれのメニューパーツ同士の
間隔が「0px」となりメニューが
隣接した状態になります **3・5** 。

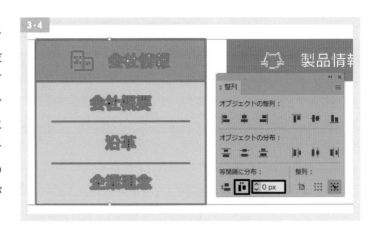

TIPS
図形同士の間隔を指定して等間隔に分布したいときは、［整列パネル］を利用します。［コントロールバー］
では数値を入力して図形を整列させることはできません。

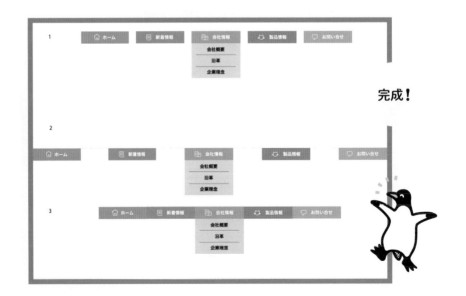

完成！

LEVEL 6

STEP 6

10分

図形の前後関係を入れ替えよう

このSTEPで使用する
主な機能

重ね順

前面へペースト

レイヤーパネル

選択ツール

動画で確認

一つひとつの図形を描いて重ね合わせてグラフィックを創り上げていくIllustratorでは、内容に合わせて図形の前後関係、重ね合わせる順番を入れ替える必要が出てきます。図形の重ね順を調整する方法をマスターしましょう。

図形のアレンジをマスターしよう

LEVEL
6

完成図

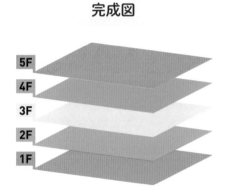

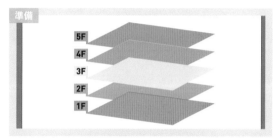

準備

sample/level6/STEP06-06.ai

事前準備

課題ファイル「STEP06-06.ai」を開きます。1階から5階までの建物のフロア図が表示されます。それぞれの階数はグループ化されていますが、前後関係が混乱した状態です。

5

4

3

 1 最背面へまたは最前面へ送る

2

[選択ツール]で「1F」のフロア図をクリックして選択します。1Fはすべてのフロアの最下層、つまり最背面なので[オブジェクト]メニュー→[重ね順]→[最背面へ](1·1 ❶)を実行して、最背面にしました 1·2 。

1

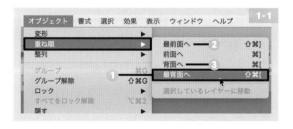

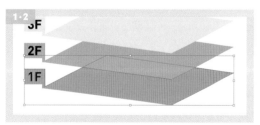

213

続いて「5F」のフロア図をクリックして選択します。5Fはすべてのフロアの最上階、つまり最前面です。[**オブジェクト**]メニュー→[**重ね順**]→[**最前面へ**](1·1 ②)を実行すると、図形の重ね順が入れ替わって、5Fのフロア図が最前面になりました 1·3 。

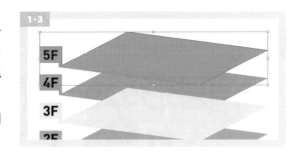

![TIPS] **重ね順の変更に便利なキーボードショートカット**

重ね順を入れ替える操作は、キーボードショートカットでも実行できます。使用頻度が高いコマンドなので覚えておくと便利です。

最背面へ	shift + command（Win：Ctrl）+ [
背面へ	command + [
最前面へ	shift + command +]
前面へ	command +]

2 1階層分だけ重ね順を入れ替える

[**選択ツール**]で「3F」のフロア図を選択し、[**オブジェクト**]メニュー→[**重ね順**]→[**背面へ**](1·1 ③)を実行します 2·1 。1階層分背面へ送られましたが、まだ4Fのフロア図の前面になっています。再度[**オブジェクト**]メニュー→[**重ね順**]→[**背面へ**]を実行して、4Fの背面に送ります 2·2 。

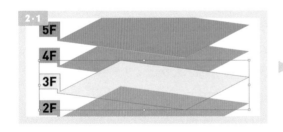 

3 他の図形を基準に重ね順を入れ替える

同様に「2F」も選択して[**背面へ**]を2回繰り返すとフロア図が正しく整理されますが、ここでは「カット&ペースト」による重ね順の調整方法を試してみましょう。「2F」のフロア図を選択し、command（Win：Ctrl）キー＋Xキーで2Fのフロア図をカットしてクリップボードにコピーします 3·1 。

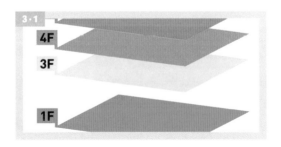

「1F」のフロア図を選択し、［編集］メニュー→［**前面へペースト**］を実行します 3・2 。

選択していた1Fのフロア図のすぐ前面に、カットしておいた図形がペーストされます。重なりの基準になるオブジェクトがある場合に使える方法です。

完成！

TIPS ［レイヤーパネル］でオブジェクトの前後関係を確認する

複雑なグラフィックを制作しているとき、図形の前後関係を把握するには［レイヤーパネル］を活用するのも効果的です。それぞれのレイヤーのサブレイヤーとしてオブジェクトが表示されています。

［レイヤーパネル］でサブレイヤー（オブジェクト）を直接入れ替えることでも図形の重ね順を調整することができます。

STEP **7**

数値を指定して形を変えよう

動画で確認

正確なサイズを指定してオブジェクトを変形したいときには、[変形パネル]を利用します。図形の幅や高さなどを正確に指定して変形することができます。[変形パネル]では、角丸の半径や線幅の処理などオプション項目の設定も忘れずに行いましょう。

完成図

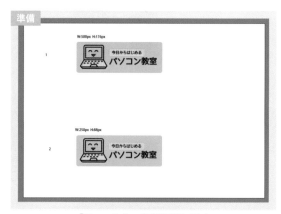

準備

📁 sample/level6/STEP06-07.ai

事前準備

課題ファイル「STEP06-07.ai」を開きます。パソコン教室のバナーイメージが2つレイアウトされたファイルが表示されます。

1 線幅や角丸の半径はそのままリサイズする

[選択ツール]で課題ファイル「1」のバナーを選択します **1·1**。全体がグループ化されているため、クリックのみで全体が選択できます。

1·1

［変形パネル］を表示し、変形の「基準点」を左上に設定します。「角を拡大・縮小」「線幅と効果を拡大・縮小」両オプションのチェックを外した状態で、「縦横比を固定」ボタンをオンにしてから「W（幅）:500px」と入力します 。

図形の左上の位置を基準に、幅が500px、高さが176pxにリサイズされます。線幅や角丸の半径は、元のオブジェクトの設定がそのままの状態で絵柄がリサイズされました 1・3 。

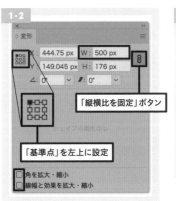

TIPS 「W:」「H:」どちらかを設定するともう一方も自動的に設定される

「縦横比を固定」ボタンをオンにしている場合、「W（幅）:」または「H（高さ）:」いずれかに数値を入力するだけで、元の図形の縦横比を保持したサイズで自動的に設定されます（稀に自動設定される数値に小数点以下の誤差が生じる場合があります）。

2 線幅や角丸の半径も合わせてリサイズする

［選択ツール］で課題ファイル「2」のバナーを選択します 2・1 。こちらもグループ化されているため、クリックのみで全体が選択できます。

［変形パネル］で変形の「基準点」を中央に設定します。「角を拡大・縮小」「線幅と効果を拡大・縮小」両オプションをチェックした状態で、「縦横比を固定」ボタンをオンにしてから「W:250px」と入力します 2・2 。

「基準点」を中央に設定

図形の中央を基準に、幅が250px、高さが88pxにリサイズされます。線幅や角丸の半径は縮小比率に合わせて同様に縮小され、元のオブジェクトのイメージをそのまま残した状態でリサイズされます 2・3 。

W:250px H:88px

W:500px H:176px

完成！

W:250px H:88px

 TIPS ［コントロールバー］でもサイズやプロパティを数値で設定できる

グループ化されているオブジェクトではなく、長方形や円形など単独のオブジェクトを選択しているときには、［変形パネル］ではなく［コントロールバー］でも数値を入力してサイズを指定することができます。

また単独のオブジェクトを選択しているときには、［変形パネル］で角丸の半径などそれぞれの図形の詳細なプロパティを数値で設定することが可能です。

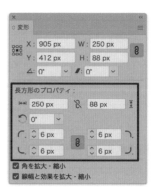

図形を組み合わせて形を変えよう

動画で確認

図形と図形を足し算するように形を合体させたり、引き算するように形を部分的に切り取ってアレンジする機能が「パスファインダー」です。「パスファインダー」でシンプルな図形を組み合わせてアイコンを作成してみましょう。

完成図

📁 sample/level6/STEP06-08.ai

事前準備

課題ファイル「STEP06-08.ai」を開きます。2つのアイコンを描くための下絵が用意されたファイルが表示されます。

1 図形の足し算・引き算でアレンジする

家の形のアイコンを作成します。[**スウォッチパネル**]を表示して「塗り：RGBブルー、線：なし」と設定します **1·1**。

[**多角形ツール**]で課題ファイル「1」の三角形の中央部をクリックします。表示される[**多角形ダイアログ**]で、「半径：80px、辺の数：3」と入力して「OK」ボタンをクリックしましょう 。
青色の三角形が作成されたら、[**選択ツール**]でバウンディングボックスのハンドルを操作して、下絵の三角形のエリアに形状が沿うように調整します 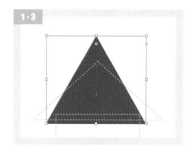 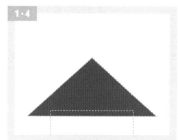。[**選択ツール**]で余白をクリックしていったん選択を解除しておきます。

[**スウォッチパネル**]で「塗り：RGBイエロー、線：なし」と設定し、[**長方形ツール**]で三角形の下にある大きめの長方形に合わせて長方形を作成します 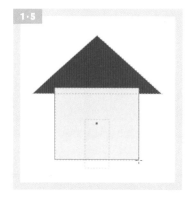。
[**選択ツール**]で三角形と長方形全体を囲むようにドラッグして、両方の図形を選択します 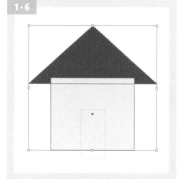。

[**パスファインダーパネル**]で「形状モード：合体」ボタンをクリックします 。

2つの図形が1つに合体されて家の輪郭のような形状になり、前面にあった長方形の塗りのイエローで塗りつぶされます 。

TIPS　複数の図形を1つに合体させる

［パスファインダーパネル］の「形状モード：合体」は、選択している複数の図形を1つの図形に合体させることができます。合体した図形は、もっとも外側にあるパスが輪郭となり、内側にあるパスは削除されます。

［**選択ツール**］で余白をクリックしていったん選択を解除し、［**スウォッチパネル**］で「塗り：RGB ブルー、線：なし」と設定します。［**長方形ツール**］で、下絵の緑の点線に合わせて家のドアになる長方形を描き加えます 1·9 。

［**選択ツール**］で家の図形と描き加えた長方形両方を選択し、［**パスファインダーパネル**］で「形状モード：前面オブジェクトで型抜き」ボタンをクリックします 1·10 。家の輪郭が前面の長方形で切り取られた状態になり、ドアのある家のアイコンに仕上がります 1·11 。

前面オブジェクトで型抜き

2　パスで図形を分割する

封筒の形のアイコンを作成します。［**スウォッチパネル**］で「塗り：RGB レッド、線：なし」と設定し 2·1 、［**長方形ツール**］で課題ファイル「2」の長方形に合わせて長方形を描きます 2·2 。

［**選択ツール**］で余白をクリックしていったん選択を解除しておきます。

図形のアレンジをマスターしよう

LEVEL
6

5

4

3

2

1

221

［**スウォッチパネル**］で「塗り：なし、線：ブラック」と設定し、［**線パネル**］で「線幅：1pt、線端：線端なし、角の形状：マイター結合、線の位置：線を中央に揃える」にします 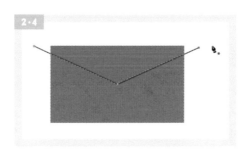 。

［**ペンツール**］で、下絵の斜めの点線に添って直線を作成します 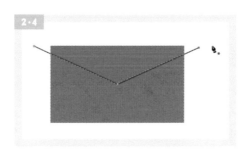 。描き終わったら、escキーで線の描画を終了します。

［**選択ツール**］で長方形と直線パス両方を囲むようにドラッグして選択し、［**パスファインダーパネル**］で「パスファインダー：分割」ボタンをクリックします  。

赤い長方形が前面に描いた直線の位置で分割された状態になります 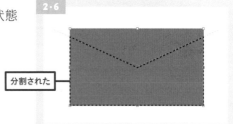 。

いったんescキーで全体の選択を解除してから、［**ダイレクト選択ツール**］で封筒の下半分にあたる部分をドラッグして少し下へ移動させます  。封の部分との境界が見えるようになり、長方形が分割されたことがわかります。

完成！

 TIPS　［パスファインダーパネル］でさまざまなアレンジが可能になる

［パスファインダーパネル］では、ここで使用したボタンのほか、複数の図形のすべてが重なり合っている部分だけを取り出す「交差」や、重なり合う部分の背面の図形を削除する「刈り込み」、重なり合う部分を削除する「中マド」などさまざまなアレンジ方法が用意されています。複雑な形状も「パスファインダー」を利用することで簡単に描けるため、どのようなアレンジができるかマスターしておきましょう。

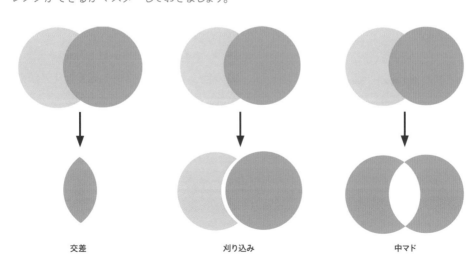

交差　　　　　　　　　刈り込み　　　　　　　　中マド

223

LEVEL 6

TEST

2つのサイズの 地図を作成しよう

このSTEPで使用する
主な機能

線パネル

直線ツール

パスファインダー

変形パネル

動画で確認

これまで学習した図形の描き方、アレンジの方法を利用して、シンプルな
地図を作成してみましょう。大きめのサイズで描いた後、全体のイメージ
が崩れないように小さくリサイズして、2つのサイズの地図を作成します。

完成図

W:300px H:240px

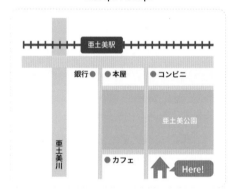

W:150px H:120px

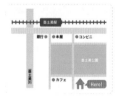

準備

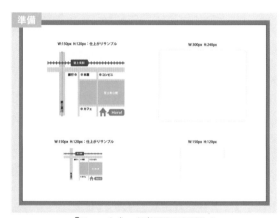

📁 sample/level6/STEP06-TEST.ai

事前準備

課題ファイル「STEP06-TEST.ai」を開きます。地
図の什卜がりサンプルと描くエリアが点線で描
かれたファイルが表示されます。

制作のためのヒント

1 　地図を描くときの大きなポイントは、背景になる長方形や道として描く直線などそれぞれの図形の前後関係です。川が道路の上にならないようになど、前後関係に注意して描きます。

2 　道や川は直線パスで表現します。道幅の広さは線幅のサイズで調整します。太い道の線幅は16pt、細い道は6pt、川は20ptと指定しています。また、道路を示す線の色は「R:211、G:211、B:211」、川の線の色は「R:98、G:225、B:255」と設定しています。

図形のアレンジをマスターしよう

LEVEL
6

5

4

3

2

1

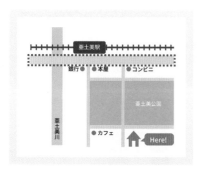

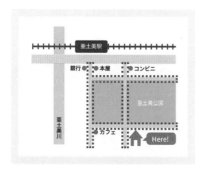

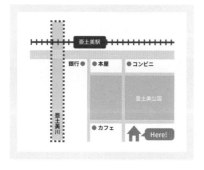

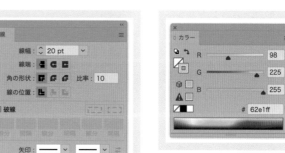

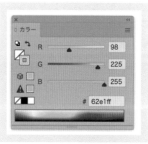

3 線路は、同位置に2本の直線パスを重ねることで表現しています。背面はシンプルな直線の設定で、前面に破線の設定を適用した直線パスを重ねています。

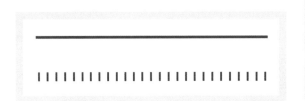

4 家のマークは、219ページを参考に三角形と長方形を描いて「パスファインダー」の「合体」を適用し、さらにドアにあたる部分に長方形を重ねて「パスファインダー」の「前面オブジェクトで型抜き」を実行して作成しています。

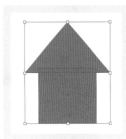  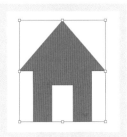

5 大きいサイズの地図が描けたら、小さいサイズに変形します。[**変形パネル**]では、「角を拡大・縮小」「線幅と効果を拡大・縮小」オプションをチェックしてサイズを指定し、全体のイメージが崩れないようにします。

LEVEL 7

グラデーションとパターンを使いこなそう

ここまで基本の図形描画やパスの扱い方、文字入力をマスターしてきました。ここでは主にグラデーションやパターンの扱い方を覚えていきましょう。質感の表現やパターン（模様）を追加することで、より複雑な表現が可能になり、制作の幅が拡がります。

STEP 1

図形を
グラデーションで
塗りつぶそう

このSTEPで使用する
主な機能

グラデーション

スウォッチパネル

長方形ツール

楕円形ツール

動画で確認　色が徐々に変化していく「グラデーション」は、表現に深みを与えてくれる
強い味方です。 Illustratorでのグラデーション表現にはいくつかの方法が
あります。まずは基本のグラデーションの3種類をマスターしましょう。

完成図

準備

📁 sample/level7/STEP07-01.ai

事前準備

課題ファイル「STEP07-01.ai」を開きます。図形を描くための下絵が用意された
ファイルが表示されます。［ツールバー］の「初期設定の塗りと線」をクリックして、
初期設定の状態に指定しておきましょう。

「初期設定の塗りと線」をクリック

1 線状に色が変化するグラデーション

［長方形ツール］を選びます。課題ファイル「1」
の点線に添うように長方形を描きます 1·1 。

1·1

[**スウォッチパネル**]を表示して「塗り」をアクティブな状態にします。スウォッチの中からグラデーション項目の「空」を選択します  。長方形の塗りに薄い青から濃い青へ水平方向に色の変化するグラデーションが適用されます 1・3 。

TIPS グラデーションは線やテキストにも指定できる

グラデーションは「線」にも指定することができます。また、「アピアランス」機能（LEVEL 8 STEP 6を参照）と組み合わせることで、テキストブロックもグラデーションで塗りつぶすことが可能です。

2 同心円状に色が変化するグラデーション

[**楕円形ツール**]を選び、課題ファイル「2」の点線に添うように円形を描きます。 1・2 の設定が残っているため、長方形と同様にグラデーションが「塗り」に適用されます 2・1 。

[**コントロールバー**]を確認すると、「グラデーションの種類」に「線形グラデーション」が指定されていることがわかります。グラデーションの種類を「円形グラデーション」に変更します 2・2 。中心部から周辺部に向かって円形に色が変化するグラデーションに変わります 2・3 。

円形グラデーション

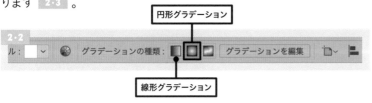

線形グラデーション

線形グラデーション

円形グラデーション

グラデーションとパターンを使いこなそう

LEVEL
7

6

5

4

3

2

1

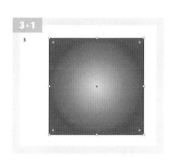

3 複数のポイントの色が複雑に混ざり合うグラデーション

再度[**長方形ツール**]を選び、課題ファイル「3」の緑色の点線に
添うように正方形を描きます。 2·2 の設定が残っているため、円
形と同様のグラデーションが「塗り」に適用されます 3·1 。

[**コントロールバー**]でグラデーションの種類を「フリーグラデーショ
ン」に変更します 3·2 。正方形の塗りが、四隅のポイントのカラー
を軸に自然に混ざり合った状態のグラデーションに変わります
3·3 。

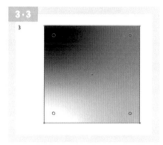

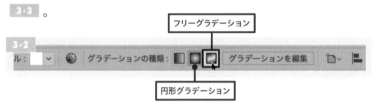

フリーグラデーション

3·2 　ル： 〔∨〕 　グラデーションの種類： ▨ ▨ ▨ 　グラデーションを編集

円形グラデーション

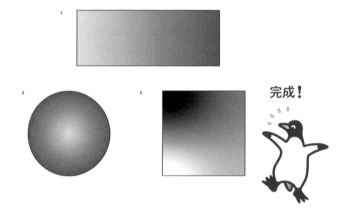

完成！

 TIPS ［グラデーションパネル］でも設定可能

グラデーションの種類は［コントロールバー］のほか、［グラ
デーションパネル］から指定することもできます。［グラデー
ションパネル］では、色の編集などさらに詳細な設定を行え
ます。

この**STEP**で使用する
主な機能

グラデーションパネル

グラデーションツール

グラデーションバー

スウォッチパネル

STEP **2**

グラデーションの
向きを変えよう

動画で確認　「線形グラデーション」と「円形グラデーション」は、［グラデーションツール］の使い方をマスターすれば、色の変化の割合などを細かく調整できます。

完成図

準備

📁 sample/level7/STEP07-02.ai

事前準備

課題ファイル「STEP07-02.ai」を開きます。図形を描くための下絵が用意されたファイルが表示されます。

1 　線状に色が変化するグラデーションの角度を調整する

［**スウォッチパネル**］を表示して「塗り」に「空」のグラデーション、「線」は「なし」に設定します。［**長方形ツール**］を選んで、課題ファイル「1」の点線に添うように長方形を描きます。グラデーションで塗りつぶされた長方形が作成されます **1・1** 。

[**グラデーションパネル**]を表示し、「角度」のプルダウンメニューから「90°」を選択します 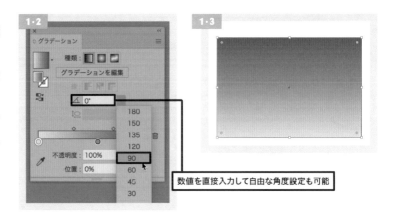 1・2 。

長方形の「塗り」が、垂直方向に色が変化するグラデーションに変わります 1・3 。

数値を直接入力して自由な角度設定も可能

2 線状に色が変化するグラデーションを詳細に調整する

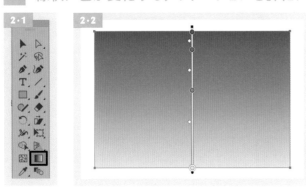

グラデーションで塗りつぶした長方形を選択している状態で、[**グラデーションツール**]を選びます 2・1 。長方形の前面にグラデーションバーが表示されます 2・2 。

TIPS
[グラデーションパネル] の「グラデーションを編集」ボタンのクリックでも、グラデーションバーが表示されます。

グラデーションバー上のカラー分岐点をドラッグして移動することで、色が変化するポイントの位置を変更することができます。また、カラー分岐点間に表示される小さな菱形のポイントをドラッグすると、色の変化の割合を調整できます 2・3 。
バーの端にある黒い四角形のポイントをドラッグすると、グラデーションバーの長さを調整してグラデーションの色の変化が適用される範囲を変えることができます 2・4 。
色が変化する範囲は、バー自体をドラッグして移動させて調整することもできます 2・5 。

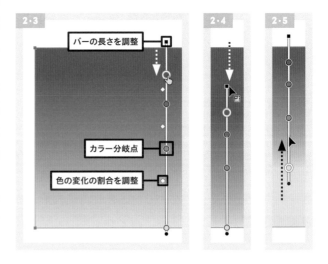

バーの長さを調整

カラー分岐点

色の変化の割合を調整

グラデーションバーの端にある黒い四角形のポイントの周囲にカーソルを合わせると、アイコンが回転するマークに変わります 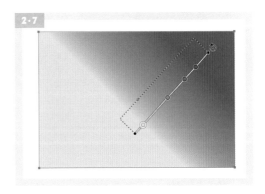 。

この状態でドラッグすると、グラデーションの角度を調整することができます。右方向へドラッグして、斜めの向きに色が変化するグラデーションに調整します 2・7 。余白をクリックして、選択を解除します。

3 円形に色が変化するグラデーションの向きを調整する

[**スウォッチパネル**]で「塗り」に「夏」のグラデーション、「線」は「なし」に設定します 3・1 。
[**楕円形ツール**]を選んで、課題ファイル「2」の点線に添うように正円を描きます。円形に色が変化するグラデーションで塗りつぶされた円が作成されます 3・2 。

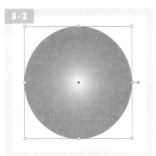

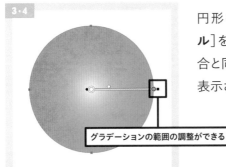

グラデーションの範囲の調整ができる

円形を選択している状態で[**グラデーションツール**]を選びます 3・3 。線形グラデーションの場合と同様に、円形の前面にグラデーションバーが表示されます 3・4 。

バーの端にある黒い四角形のポイントをドラッグすると、グラデーションの範囲を調整することができます。円形グラデーションでは、ドラッグ中にグラデーションが適用される範囲が点線で表示され

ます。円形グラデーションでは、バーの端にある黒い四角形のポイントのほか、点線上の左端の頂点に表示されるポイントをドラッグすることでも、グラデーションの範囲を調整できます 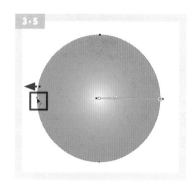 3・5 。

3・5

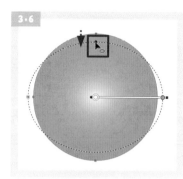
3・6

グラデーションが適用される範囲を示す点線上部の黒い丸ポイントをドラッグして、グラデーションの範囲の真円率を調整しましょう。これは、楕円形に滑らかなグラデーションを適用したい場合などに使用します 3・6 。

バーをドラッグして、左端のカラー分岐点が円の左上のエリアにあたるように調整します 3・7 。また、左端のカラー分岐点の位置を右側にドラッグし、さらにカラー分岐の調整マークを右へドラッグして左端のカラーのエリアを広げます 3・8 。余白をクリックして選択を解除すると、グラデーションの位置調整によって球体のような外観になります。

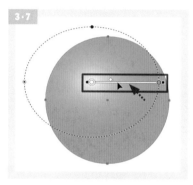
3・7

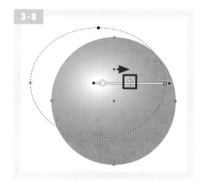
3・8

完成！

STEP **3**

（30分）

グラデーションの
色と不透明度を編集しよう

動画で確認

グラデーションは使用する色によって立体感が出るなど、さまざまな表現ができるようになります。不透明度の変化を組み合わせる方法もマスターしておきましょう。

完成図

準備

sample/level7/STEP07-03.ai

事前準備

課題ファイル「STEP07-03.ai」を開きます。濃紺の背景に赤いロウソクを描いたシンプルなグラフィックが表示されます。

1 線形グラデーションの色を設定する

[**選択ツール**]を選び、ロウソクの炎のオブジェクトを選択します 1・1 。

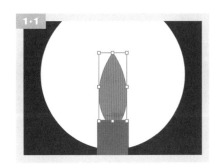

［**グラデーションパネル**］で「塗り」項目を
アクティブにして、デフォルトの白〜グレー
のグラデーションサムネールをクリックしま
す 。炎が水平方向に白〜黒に変化
するグラデーションに変わります。

[**グラデーションパネル**]で「角度：90°」
に設定（❶）します。グラデーション
の色の変化の向きが垂直に変わります。

［**グラデーションパネル**］のグラデーションスライダーで、左端のカ
ラー分岐点（ 1·4 ❷）をクリックして選択して分岐点の色を変更し
ます。［**カラーパネル**］を確認すると、グラデーションの分岐点の色を確認できます。

グレースケール表示
になっているため、
パネルメニューで
「RGB」を選択して、
表示を切り替えます
1·6 。「R：255、
G:255、B:0」と設定
します 1·7 。

カラー分岐点を示すマーク

［グラデーションパネル］のカラー分岐点を選択すると［カラーパネル］が自動的にグラデーションの色調整用に切り替わる

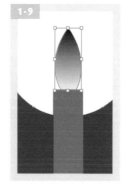

［**グラデーションパネル**］を確認すると、左
端のカラー分岐点（❶）が［**カラーパネル**］
で設定した色に変わっています 1·8 。
選択していた炎のオブジェクトも下方が設
定した色に変わります 1·9 。

グラデーションスライダーで、右端のカ
ラー分岐点（ 1·8 ❷）をクリックして選択
し、先ほどと同様［**カラーパネル**］の表示をRGBに変更して「R:255、G:0、B:0」と設定します。

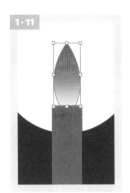

[**グラデーションパネル**]を確認すると、右端のカラー分岐点（❶）が[**カラーパネル**]で設定した色に変わっています 。選択していた炎のオブジェクトも上方が設定した色に変わり、全体が炎の色のようなグラデーションになります 。

2　線形グラデーションで立体感を出す

[**選択ツール**]を選んでロウの部分に当たる長方形を選択します。[**グラデーションパネル**]でグラデーションサムネールをクリックします 。長方形の「塗り」に  で設定したグラデーションが適用されます 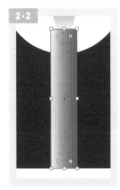。

[**グラデーションパネル**]のグラデーションスライダーで、左端のカラー分岐点（❶）をクリックして選択して[**カラーパネル**]で「R:112、G:0、B:0」と設定します。スライダーの色が変わり 、ロウの色も変わります 。

[**グラデーションパネル**]のグラデーションスライダーの右端のカラー分岐点を左方向へドラッグします 。

左端のカラー分岐点を、option(Win：Alt)キーを押しながらドラッグして分岐点を複製します 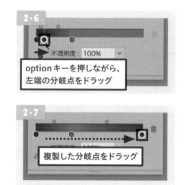 2・6 。複製したカラー分岐点をスライダー右端までドラッグします 2・7 。両端が濃い色で中央部が明るい色のグラデーションが長方形に適用され、ロウソクの立体感が表現できます 2・8 。

 TIPS カラー分岐点は自由に追加・削除できる

［グラデーションパネル］のグラデーションスライダーの下をクリックすると、クリックした位置にカラー分岐点を追加することができます。多くの色に変化するグラデーションを作成したいときは、カラー分岐点を増やして表現します。カラー分岐点は下方へドラッグすることで削除することも可能です。

3 透明度が変化するグラデーション

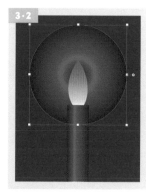

［**選択ツール**］を選んでロウソクの背後にある円をクリックして選択します。［**グラデーションパネル**］でグラデーションサムネールをクリックし、「種類」を「円形グラデーション」に設定します 3・1 。円の「塗り」に 2・7 で設定したグラデーションが円形グラデーションとして適用されます 3・2 。

［**グラデーションパネル**］のグラデーションスライダーで、中間のカラー分岐点を下方へドラッグして削除します。
次に、右端のカラー分岐点を選択し、［**カラーパネル**］で「R:255、G:218、B:0」と設定します。スライダーの色が変わり 3・3 、円の色も変わります。

左端のカラー分岐点をクリックして選択します。［**カラーパネル**］で右
端と同色の「R:255、G:218、B:0」と設定します。円の色は単色の
塗りが設定されたような外観になります 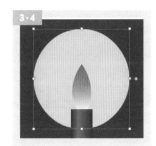 。

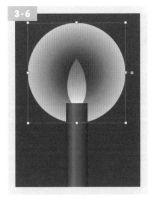

［**グラデーションパネル**］で左端のカ
ラー分岐点を選択した状態で、「不透
明度」のプルダウンメニューから「0%」
を選択します 3·5 。円形のグラ
デーションの内側が透明になり、ロウ
ソクの光彩のようなイメージになりま
す 3·6 。

TIPS

カラー分岐点では色のほか不透明度を設定することが可能です。徐々に背景に馴染むように表現したいとき
などは、不透明度を設定したグラデーションを利用するとよいでしょう。

［**グラデーションツール**］で、左端のカラー分岐点の位置を右側に移動するなど、円形のオブジェク
トの外観を確認しながら色の変化の状態を調整してグラフィックを仕上げます 3·7 。

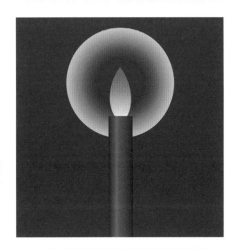

完成！

STEP 4

図形をパターンで塗りつぶそう

10分

このSTEPで使用する
主な機能

スウォッチパネル

パターンライブラリ

拡大・縮小ツール

動画で確認

複雑なイラストや規則的な模様を「塗り」や「線」に適用できるのがパターン機能です。 Illustratorにはあらかじめ、さまざまなパターンがライブラリとして用意されています。 パターンの使い方をマスターしましょう。

完成図

準備

📁 sample/level7/STEP07-04.ai

事前準備

課題ファイル「STEP07-04.ai」を開きます。 インテリアをテーマにしたグラフィックが表示されます。

1　図形をパターンで塗りつぶす

[選択ツール]を選びます。 グラフィックの中の椅子の上にある黄色いクッションのオブジェクトをクリックして選択します 1・1 。

1・1

[**スウォッチパネル**]を表示し
たら、「塗り」をアクティブな状
態にしてパターンスウォッチの
「ジャイブ」をクリックして選択
します  。黄色の塗りつ
ぶしが青系の植物のようなパ
ターンに変わります 。

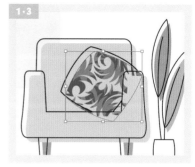

TIPS 初期設定で表示されているパターンは2種類のみ

「RGBカラー」で新規ドキュメントを作成したときには、初期設定では［スウォッチパネル］
に「ジャイブ」「Alyssa」の2種のパターンが登録されています。ライブラリを開くことで、さ
らにさまざまなパターンを使用できるようになります。

2 ライブラリのパターンを活用する

[**スウォッチパネル**]のパネルメニューから「スウォッチライブラリを開く」→「パターン」→「装飾」
→「フォルスター_パターン」を選択します 2・1 。[**フォルスター_パターン**]という名称のパター
ンライブラリパネルが表示されます 2・2 。

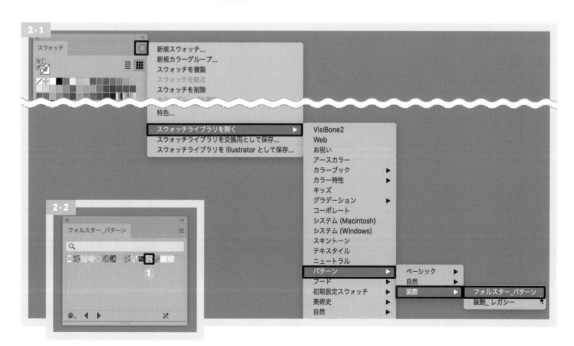

［**選択ツール**］で椅子の背後にある黄色い大きな角丸長方形を選択します。［**スウォッチパネル**］で「塗り」がアクティブな状態になっていることを確認して、「フォルスター＿パターン」ライブラリパネル `2·2` から「お化け」（❶）をクリックして選択します。角丸長方形の塗りがカラフルな花が重なっているようなパターンに変わります `2·3` 。

`3`　パターンだけ変形する

図形のサイズは変更せずに、塗りつぶされているパターンだけを縮小します。 `2·3` で塗りにパターンを適用した角丸長方形を、クリックして選択します。

［**ツールバー**］で［**拡大・縮小ツール**］のアイコンをダブルクリックします `3·1` 。［**拡大・縮小ダイアログ**］が表示されたら、「拡大・縮小」項目で「縦横比を固定：50%」と入力し、「オプション」項目は「パターンの変形」だけをチェックします `3·2` 。「OK」ボタンでダイアログを閉じると、角丸長方形自体のサイズはそのままで、塗りのパターンだけが縮小されます `3·3` 。

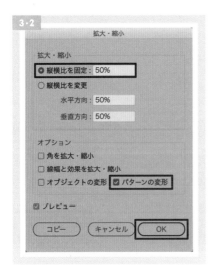

完成！

 TIPS 拡大・縮小以外にもさまざまなパターンの変形が可能

[回転ツール] や [シアーツール] [リフレクトツール] でも、[ツールバー] のアイコンをダブルクリックして表示されるダイアログで、「オプション」項目の「パターンの変形」をチェックしてパターンだけを変形させることができます。

 TIPS パターンを変形したくないときは?

バウンディングボックスでの操作や[拡大・縮小ツール]などでオブジェクトを変形するとき、初期設定の状態では図形に合わせてパターンにも変形が適用されます。

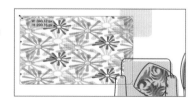

パターンを変形したくないときには、[Illustrator] メニュー→ [環境設定] → [一般] を選択すると表示される [環境設定ダイアログ] で、「パターンも変形する」項目のチェックを外しておきます。

243

TEST

40分

このSTEPで使用する
主な機能

グラデーションパネル

パスファインダーパネル

カラーパネル

パターンライブラリ

クリスマスパーティの招待カードをデザインしよう

動画で確認

これまでの LEVEL や STEP で学習したグラデーションやパターンの
設定方法を活用して、完成図のようなイメージでクリスマスパーティ
のインビテーションカードをデザインしましょう。

完成図

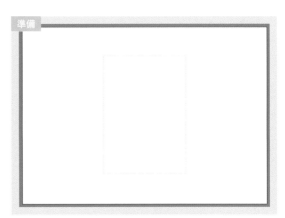
準備

sample/level7/STEP7-TEST.ai

事前準備

課題ファイル「STEP07-TEST.ai」を開きます。
カードの仕上がりサイズの長方形が緑の点線の
下絵として描かれたファイルが表示されます。使
用するフォント「Natalya Regular」と「Vendetta
OT Medium」の2種類を、Adobe Fonts でアク
ティベートしておきます(134ページ参照)。

制作のためのヒント

1 文字要素は、ファイル「テキスト素材07-TEST.txt」を使用します。

2 最背面にはカードの仕上がりサイズの長方形を描き、垂直方向に色が変化するグラデーションで塗りつぶします。使用している色は、「R:116、G:171、B:220」と「R:31、G:38、B:119」です。

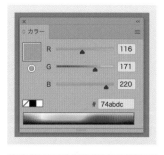
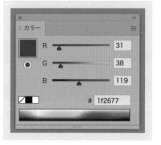

3 文字要素の背景として描いている長方形は、「塗り」「線」双方にグラデーションを適用しています。また、どちらのグラデーションも、下方向へ向かって「不透明度：0%」として背景に自然に馴染むように設定しています。

「塗り」は2箇所のカラー分岐点はどちらも「R:255、G:255、B:255」として、片方の不透明度を「0%」とします。

6

5

4

3

2

1

「線」は3箇所のカラー分岐点を設定し、左端・中央部のカラー分岐点は「R:255、G:219、B:0」、右端のカラー分岐点は「R:243、G:162、B:0」として、左端のカラー分岐点を「不透明度：0%」と設定します。

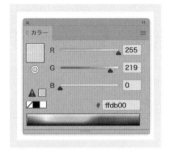
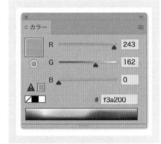

4 三角形を3つ組み合わせて、木のシルエットを表現します。3つの三角形は、[**パスファインダーパネル**]の「合体」(220ページ参照)で1つのオブジェクトに統合しています。サイズや不透明度を変化させてランダムな位置へレイアウトすると、奥行きがある印象になります。

5 　円形を描いて円形グラデーションを適用します。内側にあたるカラー分岐点は「R:255、G:223、B:45」、外側のカラー分岐点は「R:255、G:255、B:255」として「不透明度：0%」と設定すると、円の境界が背景に自然に馴染む状態になります。

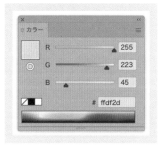

6 　「Christmas Party」の文字はフォント「Natalya Regular」を、「12.23 19:00 START @ mynavihall」の文字はフォント「Vendetta OT Medium」を指定します。

7 　上部のオーナメントは、円形・星形を描きそれぞれを「線幅：1pt」「線：R:255、G:255、B:255」と設定した垂直線と組み合わせて表現しています。円形・星形の「塗り」にパターンを設定しています。

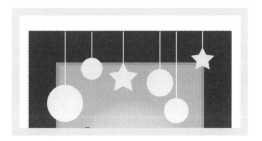
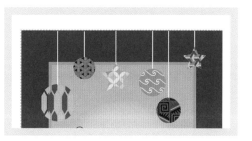

8 円形や星形のオーナメントの「塗り」に使用したパターンは、パターンライブラリの「装飾_レガシー」から選択しています。

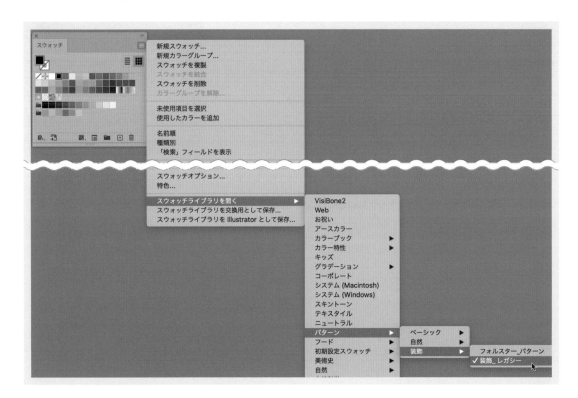

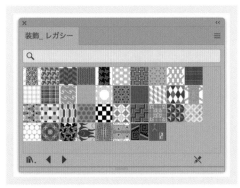

中級
INTERMEDIATE

LEVEL
8

いろいろなアレンジに
挑戦しよう

アピアランスパネルを活用すれば、1つのオブジェクトに複数の効果を重ねてアレンジすることができます。その他にもブレンド機能やマスク機能など、ここで紹介する機能を一通りマスターして、あらゆる制作物に応用できるスキルを身に付けていきましょう。

LEVEL 8

STEP 1

2つの形を
ブレンドしよう

動画で確認

このSTEPで使用する
主な機能

ブレンド

ブレンドオプション
ダイアログ

アンカーポイントツール

拡張（ブレンド）

2つの形の中間にあたる形状や色を自動的に生成できるのが「ブレンド」機能です。形が変化するアニメーションの素材や段階を追って変化していく様子を表現したいときなど、さまざまな場面で活用できます。

完成図

sample/level8/STEP08-01.ai

事前準備

課題ファイル「STEP08-01.ai」を開きます。円形を描く下絵が用意されたファイルが表示されます。

1　2つの形をブレンドする

[楕円形ツール]を選びます。課題ファイルの左下にある点線に合わせて正円を描き、「塗り：R:255、G:170、B:0」、「線：なし」と設定します 1·1 。

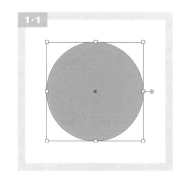

[**選択ツール**]を選び、描いた正円を選択します。 option(Win:Alt)キーを押しながらドラッグして、課題ファイル右上にある下絵の左側の円に添うように複製を作成します 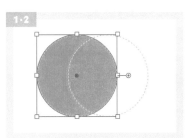 。

さらに下絵の右側の円に添うようにもう1つ正円を複製して色を「塗り：R:255、G:255、B:0」に変更します 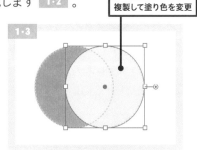 。

複製した2つの正円を[**選択ツール**]で囲むようにドラッグして選択し 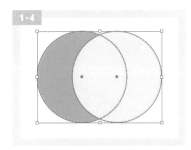 、[**パスファインダーパネル**]の「背面オブジェクトで型抜き」ボタンをクリックします  。2つの正円が三日月のような形状に変換されました 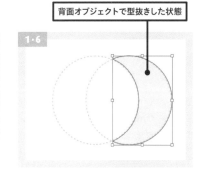 。

左下の正円と三日月のような図形の両方を選択して、[**オブジェクト**]メニュー→[**ブレンド**]→[**作成**]を実行します 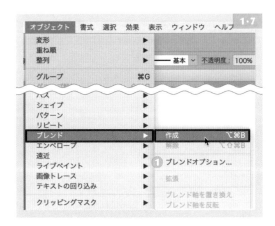 。双方の図形の中心を結ぶ直線パス（ブレンドの軸）が自動的に作成され、このパス上に2つのオブジェクトの形と色の中間ステップになる形状が自動的に表示されます 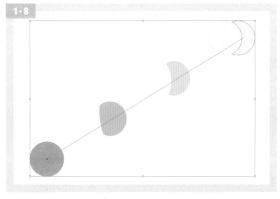 。

以前の操作時の設定により中間に表示される形状の数が異なることがあります。

2　ステップ数を変更する

「ブレンド」を適用したオブジェクトを選択している状態で、[**オブジェクト**]メニュー→[**ブレンド**]→
[**ブレンドオプション...**]（ 1·7 ❶ ）を実行します。表示される[**ブレンドオプションダイアログ**]で、
「間隔：ステップ数：6」と設定して「OK」ボ
タンをクリックします 2·1 。中間ステップの
オブジェクトが6個に変わります 2·2 。

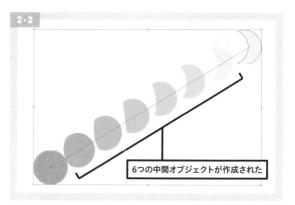

6つの中間オブジェクトが作成された

 TIPS　グラデーションとしても活用できるブレンド機能

[ブレンドオプションダイアログ]で、「間隔：ステップ数：
200」など中間ステップのオブジェクト同士が隙間なく生成さ
れるように設定すると、滑らかなグラデーション状になります。
「ブレンド」機能は、グラデーションの生成方法としても活用
できます。

また、「間隔」のプルダウンで「距離」を選択すれば、中間
ステップオブジェクト同士の間隔を指定してブレンドを適用で
きます。

3　ブレンドの軸を調整してブレンドを拡張する

[**アンカーポイントツール**]でブレンドの軸
となっている直線パス左端のアンカーポイン
ト上でマウスボタンをプレスし、そのまま左
下方向にドラッグします 3·1 。ドラッグに
合わせてパスの方向線が伸びて、ブレンド
の軸が直線から曲線に変わります 3·2 。

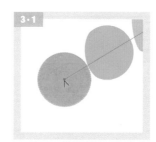

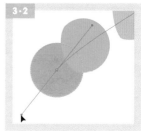

同様に、ブレンドの軸のパスの右端のアンカーポイント も[**アンカーポイントツール**]で左上方向へドラッグして、曲線パスの方向線を伸ばします。パス両端のアンカーポイントの方向線を操作して、中間ステップの形状が円弧状に配置されるようにブレンドの軸の曲線を調整します **3・4** 。

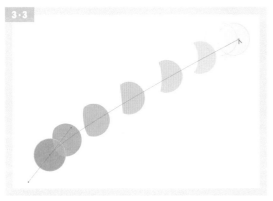

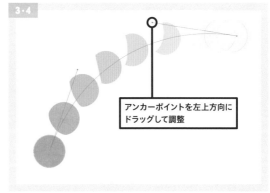

アンカーポイントを左上方向にドラッグして調整

TIPS　**ブレンド軸を調整すればさまざまなアレンジが可能**

ブレンドの軸は通常のパスと同様、アンカーポイントを追加するなどのアレンジもできます。ブレンドの軸を調整することで、中間ステップのオブジェクトが配置される位置を複雑な軌跡に設定することも可能です。

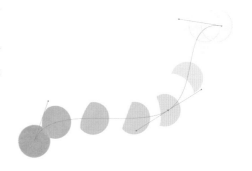

「ブレンド」で生成された中間オブジェクトは、このままでは個別で選択するなど、通常のオブジェクトのような操作はできません。
「ブレンド」を適用したオブジェクトを選択している状態で[**オブジェクト**]メニュー→[**ブレンド**]→[**拡張**]を実行します **3・5** 。

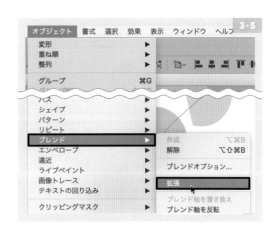

「ブレンド」で生成された中間ス
テップが通常のオブジェクトに
変換されます **3·6** 。

TIPS

拡張されたオブジェクトは、「グループ化」された状態になっています。
また、拡張時にブレンドの軸のパスは削除されるため、ステップ数などを再編集することはできません。

完成！

STEP 2

10分

マスクで形をくり抜こう

動画で確認

特定のオブジェクトの輪郭で絵柄全体をくり抜いたように表示する「マスク」は、不要な部分を隠しておけるとても便利な機能です。Illustratorでマスクを利用するには3つの方法があります。まずはそのうちの2種類をマスターしましょう。

完成図

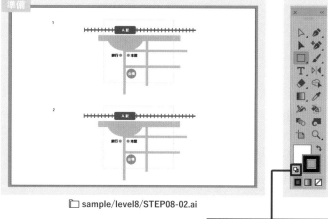

準備

sample/level8/STEP08-02.ai

「初期設定の塗りと線」をクリック

事前準備

課題ファイル「STEP08-02.ai」を開きます。2つの地図が描かれたファイルが表示されます。[ツールバー]の「初期設定の塗りと線」をクリックして、初期設定の状態に指定しておきましょう。

1 長方形で地図をマスクする

[長方形ツール]を選び、課題ファイル「1」の点線に合わせて長方形を描きます。地図の前面に作成されるので、地図が隠された状態になります 1・1 。

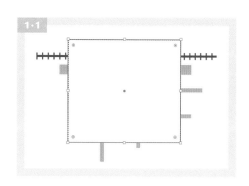

1・1

［**選択ツール**］を選び、地図と長方形を囲むようにドラッグして全体を選択します 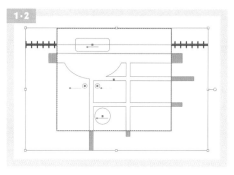。

［**オブジェクト**］メニュー→［**クリッピングマスク**］→［**作成**］を実行すると 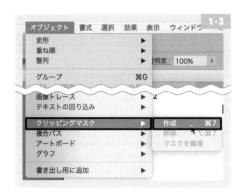、長方形の輪郭で地図がマスクされ、長方形からはみ出した部分は表示されない状態になります 。

TIPS

「クリッピングマスク」を適用すると、マスクとして使用されるオブジェクトは、マスク設定時「塗り」「線」ともに「なし」の状態になります。

2 マスクした図形を編集する

［**選択ツール**］で、マスクされた地図の絵柄部分をダブルクリックするとマスク編集モードになります 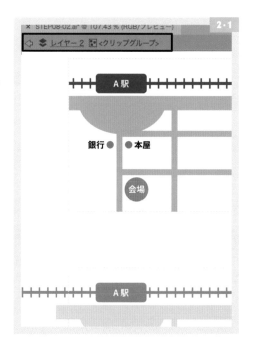。マスク以外の画面上のオブジェクトは半透明で表示され、選択などの操作ができない状態になります。
ウィンドウの左上にはオブジェクトが属したレイヤーからの階層が、「＜クリップグループ＞」と表示されます。

マスクとして利用している長方形を[**選択ツール**]で選択します。「塗り」「線」とも「なし」と設定されているため、輪郭線のあたりをクリックして選択します。

[**カラーパネル**]で「塗り：R255、G:255、B:185」「線：なし」として、マスクに薄い黄色の塗りを設定します。マスクとして使用されているオブジェクトはすべてのオブジェクトの最背面に表示されます 2・2 。

2・2

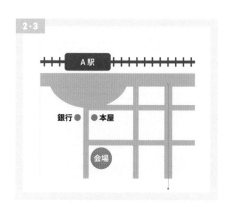
2・3

[**選択ツール**]で余白をクリックして、選択を解除します。道路を追加するため、[**カラーパネル**]で「塗り：なし、線：R:179、G:179、B:179」、[**線パネル**]で「線幅」12pt」と設定し、[**直線ツール**]を選んで地図のグラフィック内に垂直線を追加します。マスク編集モードで作成した図形は、ほかのオブジェクトと同様にマスクされた状態になります 2・3 。

escキーを押すか、ウィンドウ左上の「1レベル戻る」アイコン（◁）を2回クリックすると 2・4 、マスク編集モードを終了して元の画面に戻ります 2・5 。

2・4

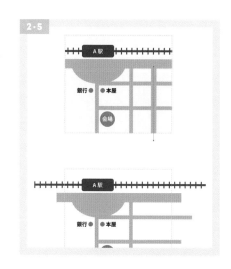
2・5

3 　レイヤーを対象にマスクする

[**ツールバー**]の「初期設定の塗りと線」をクリックして、初期設定の状態に指定しておきます。 1・1 と同様、課題ファイル「2」の点線に合わせて長方形を描きます。

[**レイヤーパネル**]で「レイヤー2」を選択し、パネルメニューで「クリッピングマスクを作成」を選択すると 3・1 、作成した長方形の輪郭で「レイヤー2」全体にマスクが適用され、課題ファイル「1」の地図も表示されない状態になります 3・2 。

いろいろなアレンジに挑戦しよう

LEVEL
8

7

6

5

4

3

2

1

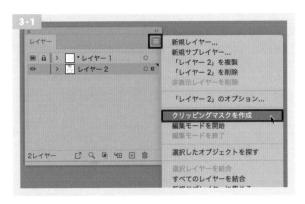

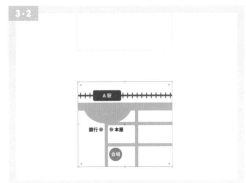

TIPS

レイヤーを対象にしたクリッピングマスクは、最前面にあるオブジェクトが自動的にマスクとして認識されるため、事前にオブジェクトを選択する必要はありません。

レイヤーを対象にしたマスクを編集するときは、パネルメニューの「編集モードを開始」を実行します 3・3 。手順 2・1 と同様に、マスク編集モードに入ります。

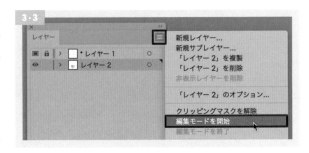

手順 2・2 と同様に、マスクとして使用している長方形を[**選択ツール**]で選択します。「塗り：R255、G:255、B:185」「線：なし」として背景を薄い黄色に変更して地図を仕上げます 3・4 。

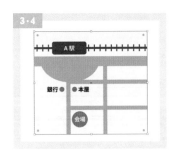

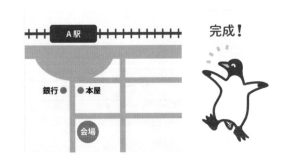

LEVEL 8

STEP 3

不透明度を設定した マスクで 形をくり抜こう

このSTEPで使用する
主な機能

透明パネル

不透明マスク編集モード

グラデーションパネル

動画で確認

「クリッピングマスク」はオブジェクトの輪郭で絵柄をマスクするため、境界がきっちり分かれます。徐々に背景に馴染むようにマスクの輪郭を曖昧にしたいときは、「不透明マスク」機能を利用します。

いろいろなアレンジに挑戦しよう

LEVEL
8

7

6

5

4

3

2

1

完成図

今月のPickUp

事前準備

課題ファイル「STEP08-03.ai」を開きます。文字の背面にパターンで塗りつぶした長方形が重なっているグラフィックが表示されます。パターンと重なっている部分の文字が読みにくい状態になっています。

準備

sample/level8/STEP08-03.ai

1 図形に不透明マスクを作成する

[選択ツール]を選び、パターンで塗りつぶされた長方形をクリックして選択します 1·1 。

1·1

今月のPickUp

[**透明パネル**]のサムネールには、選択している長方形が表示されます。「マスク作成」ボタンをクリックすると  、パネル内に黒いマスクサムネールが作成され、オブジェクト全体がマスクされた状態になります 1·3 。パターンで塗りつぶされた長方形は、画面上に表示されない状態になります 1·4 。

マスクサムネール

[**透明パネル**]で「クリップ」項目のチェック（ 1·3 ❶）を外すと、マスクサムネールが白に変わりパターンで塗りつぶされた長方形が表示される状態に戻ります 1·5 。

2　不透明マスクを編集する

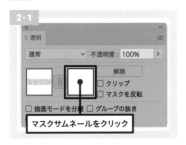

マスクサムネールをクリック

[**透明パネル**]でマスクサムネールをクリックして 2·1 、不透明マスク編集モードに入ります。不透明マスク編集モードでは、ウィンドウのファイル名のエリアに「（<不透明マスク>/不透明マスク）」と表示されます 2·2 。

2·2 STEP08-03.ai* @ 66.67 % (<不透明マスク>/不透明マスク)

[**長方形ツール**]を選択して、パターンの長方形全体を囲むようなサイズの長方形を作成します 2·3 。画面上はほぼ変化がありませんが、[**透明パネル**]を確認すると、不透明マスクサムネール内にパターンで塗りつぶされた長方形が作成されたことがわかります 2·4 。

［**スウォッチパネル**］で、「塗り」に「ホワイト、ブラック」のグラデーションを適用します 。不透明マスクとして描いた長方形の「塗り」に白〜黒へ変化するグラデーションを適用すると、黒にあたる部分がマスクされた状態になるため、パターンが左から右方向へ徐々に透明な状態に変わります 。

［**グラデーションパネル**］で、不透明マスクとして指定しているグラデーションの色の変化の割合を調整します。右端のカラー分岐点を左方向へドラッグして黒の範囲を拡げると 、パターンの長方形は透明に見える領域が広がります 。

［**透明パネル**］でプレビューのサムネールをクリックすると、不透明マスク編集モードが終了します 。ウィンドウ内では不透明マスクオブジェクトではなく、パターンで塗りつぶされた長方形が選択された状態に戻ります 。

プレビューのサムネールをクリック

TIPS ［透明パネル］のマスクサムネール

黒で表示されているエリアがマスクされ、白のエリアだけが表示されます（「マスクを反転」
オプションをチェックすると、黒と白の非表示／表示設定が反転します）。また「クリップ」を
チェックすると、不透明マスクとして設定したオブジェクトの輪郭をもとにクリッピングマスク
（256ページ参照）も適用された状態になります。

TIPS 不透明マスクの解除

不透明マスクを設定しているオブジェクトを選択した状態で、［透明パネル］で「解除」ボタ
ンをクリックすると、不透明マスク設定を解除することができます。解除を実行すると、不透
明マスクとして指定していたオブジェクトが通常のオブジェクトに変換されて、最前面に表示
されます。

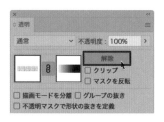 

STEP **4**

(10分)

イラストを
自由にちりばめよう

このSTEPで使用する
主な機能

シンボルスプレーツール

シンボルスクランチ
ツール

シンボルステインツール

シンボルツール
オプションダイアログ

動画で確認

特定のイラストを「シンボル」として登録することで、そのイラストを
スプレーで吹き付けるように多量にちりばめることができます。あらか
じめさまざまなイラストが「シンボル」として用意されています。

完成図

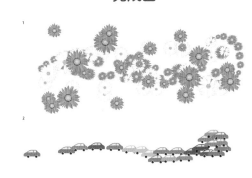

準備

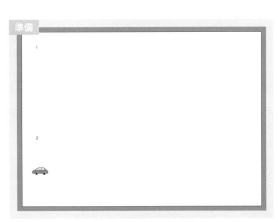

🗀 sample/level8/STEP08-04.ai

事前準備

課題ファイル「STEP08-04.ai」を開きます。小さな赤い車のイラストが用意されたファイルが表示
されます。

1 花のイラストをちりばめる

[**シンボルパネル**]のパ
ネルメニューで[**シンボ
ルライブラリを開く**]→
[**花**]を選択します **1·1** 。

Illustratorにあらかじめ用意されているシンボルライブラリ[**花**]が
表示されます。一番最初の項目[**アスター**]をクリックして選択しま
す 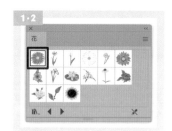 。

[**ツールバー**] の [**シンボルスプレー
ツール**]アイコンをダブルクリックします
。表示される[**シンボルツールオ
プションダイアログ**]で、「直径:100px」
と設定します 。

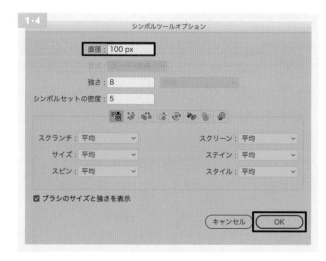

課題ファイル「1」の空白エリアにカーソルを合わせ、スプレー範囲を示す円形が表示されたら
、左から右方向へゆっくりドラッグします 。
ドラッグの軌跡に合わせて「アスター」の花のイラストが配置されます 。ドラッグを終えると、
シンボルが配置された長方形のエリアが作成されます。

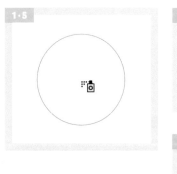

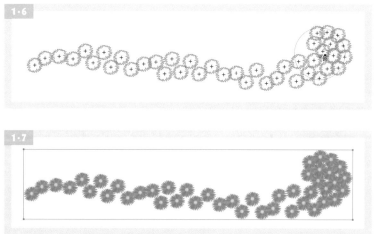

2 ちりばめたイラストのサイズや密度を変える

「アスター」をちりばめたエリアを選択している状態で、[**シンボルリサイズツール**]（ 1・3 ❶ ）を選択し、花のイラスト上をドラッグします。ドラッグしている時間の長さに応じて花のイラストが拡大されます 2・1 。option(Win：Alt)キーを押しながら[**シンボルリサイズツール**]でドラッグすると、イラストは縮小されます 2・2 。配置されているイラストの大きさがランダムになるように所々、ドラッグしてイラストを拡大・縮小しましょう。

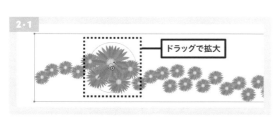

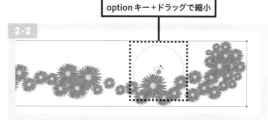

同様に、[**シンボルスクランチツール**]（ 1・3 ❷ ）でエリア内をドラッグして、配置されたイラスト同士の密度を調整します。ドラッグしている時間が長いほどイラスト同士の密度が上がり、逆にoptionキーを押しながらドラッグすることで間隔が拡がりシンボルが配置されているエリアも自動的に拡張されます 2・3 2・4 。[**シンボルリサイズツール**]や[**シンボルスクランチツール**]も、[**ツールバー**]のアイコンをダブルクリックすることで表示されるダイアログで、筆先の領域の直径やドラッグへの反応の強度などを調整することができます。

 TIPS ［シンボルスプレーツール］で華やかなデザインを作成

シンボルライブラリの「花」から「ヒナギク」「ガーベラ」を同様の手順でスプレーしてサイズや密度を調整することで、華やかなイラストイメージを演出できます。それぞれのシンボルを別のエリアとして［シンボルスプレーツール］で描いておくと、イラストごとに調整でき、全体のバランスを取りやすくなります。

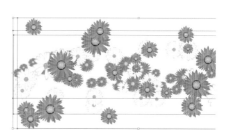

3 オリジナルのイラストをちりばめる

[**選択ツール**]を選び、課題ファイル「2」の
赤い車のイラストを選択します。車のイラスト
はグループ化されています。

車のイラストを[**シンボルパネル**]上にドラッ
グ＆ドロップします 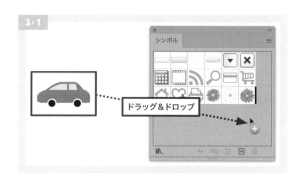。[**シンボルオプ
ションダイアログ**]が表示されたら、「名前：
car」と設定して「OK」ボタンでダイアログを
閉じます 3·2 。

[**シンボルパネル**]内に「car」項目が追加さ
れます 3·3 。

[**シンボルスプレーツール**]でウィンドウ内を左から右方向へドラッグします 3·4 。ドラッグした
軌跡に車のイラストが配置されます 3·5 。

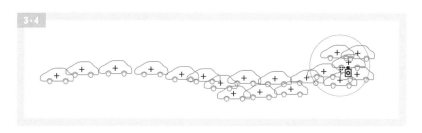

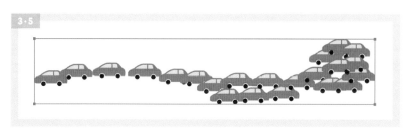

4 ちりばめたイラストの色を変える

[**シンボルステインツール**]を選びます（ 1・3 ③ ）。[**スウォッチパネル**]で「塗り」に「RGB ブルー」「線：なし」と設定して、 3 で配置した赤い車のいずれかに重なるようにドラッグします。ドラッグを終えると、重なっていた位置の車の色が「RGB ブルー」に変わります 4・1 。

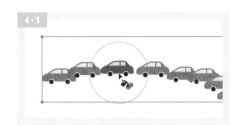

4・1

[**スウォッチパネル**]でさまざまなカラーを選択して[**シンボルステインツール**]でイラスト上をドラッグする手順を繰り返し、車のイラストがカラフルな構成になるように調整します 4・2 。
[**シンボルステインツール**]でドラッグしている時間が長くなるほど、カラー変更される範囲が拡がります。optionキーを押しながらドラッグすると、色が変わる範囲は狭まります。

4・2

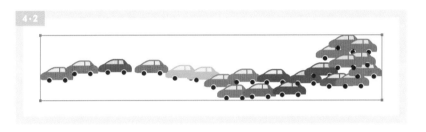

1

2

完成！

いろいろなアレンジに挑戦しよう

LEVEL
8

7

6

5

4

3

2

1

STEP 5

（20分）

アピアランスで
アレンジしよう

このSTEPで使用する
主な機能

アピアランスパネル

変形効果ダイアログ

ワープオプション
ダイアログ

動画で確認

オブジェクトには複数の「塗り」や「線」を設定したり「効果」を重ねて適用することも可能です。オブジェクトの外観に関する設定は［アピアランスパネル］で行います。［アピアランスパネル］を利用した外観の編集方法をマスターしましょう。

完成図

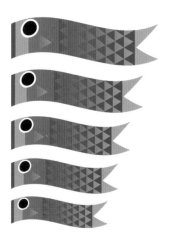

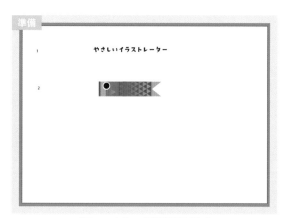

📁 sample/level8/STEP08-05.ai

事前準備

課題ファイル「STEP08-05.ai」を開きます。「やさしいイラストレーター」の文字要素と鯉のぼりのイラストが描かれたファイルが表示されます。文字要素はフォント「ABキリギリス」が指定されています。Adobe Fontsで同フォントがアクティベートされていない場合は、アクティベートします。

1 「塗り」と「線」を複数重ね合わせる

[**選択ツール**]で課題ファイル「1」の文字要素をクリックして選択します 1·1 。

1·1

[**アピアランスパネル**]を確認すると、「テキスト」要素に「文字」の項目だけが表示されています。パネル左下の「新規線を追加」ボタンをクリックします 1·2 。

1·2

「文字」項目の前面(上)に、「線」と「塗り」の2つの項目が新たに追加されます。「線」の項目をクリックして選択し 1·3 、そのまま「線」の項目を下方へドラッグして、「文字」の背面(下)へ移動させます 1·4 。

1·3 1·4

移動した「線」の項目を選択した状態で、[**カラーパネル**]で「塗り：なし」「線：R:255、G:255、B:0」、[**線パネル**]で「線幅：4pt、線端：丸型先端、角の形状：ラウンド結合」と設定します 1·5 。

1·5

[**アピアランスパネル**]の「線」項目に設定内容が反映され 1·6 、アートボードでは文字要素の輪郭に黄色い線が表示された状態になります 1·7 。

1·6

1·7

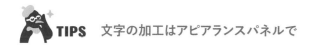 **TIPS** 文字の加工はアピアランスパネルで

「線」項目が「文字」の背面にあることで、文字要素に直接「線」を設定した場合（下図）と異なり、元になる輪郭の背面に線が追加された外観になります。線幅を太くしても、文字の可読性が保たれます。

やさしいイラストレーター

文字要素に線を直接追加すると可読性が損なわれてしまう

[**アピアランスパネル**]左下の「新規線を追加」ボタンを再度クリックします。ここまでの手順と同設定で「線」の項目が新たに追加されます。背面(下)にある「線」項目をクリックして選択します `1・8` 。

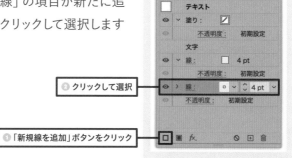

❷ クリックして選択

❶「新規線を追加」ボタンをクリック

[**カラーパネル**]で「塗り：なし」「線：R:0、G:171、B:255」、[**線パネル**]で「線幅：10pt、線端：丸型先端、角の形状：ラウンド結合」と設定します `1・9` 。

[**アピアランスパネル**]では選択していた「線」項目に設定が反映され `1・10` 、アートボードでは文字要素のもっとも外側に水色の線が表示された状態になります `1・11` 。

1・11

最後に[**アピアランスパネル**]で最前面（最上部）の「塗り」項目を選択して 、[**カラーパネル**]で「線」の設定は前の手順で設定した水色のままとし、「塗り：R:0、G:54、B:255」と設定します。アートボードを確認すると、文字の色が濃い青色に変わります 1・13 。

2 複数の効果を適用する

[**選択ツール**]で、課題ファイル「2」の鯉のぼりをクリックして選択します 2・1 。[**アピアランスパネル**]では、最上部に「グループ」と表示され、イラストがグループ化されていることが確認できます 2・2 。

[**効果**]メニュー→[**パスの変形**]→[**変形...**]を実行します 2・3 。表示される[**変形効果ダイアログ**] 2・4 で、「拡大・縮小」は「水平方向：90%、垂直方向：90%」（❶）、「移動」は「水平方向：0px、垂直方向：70px」（❷）、「回転」は「角度：0°」（❸）、「オプション」は「オブジェクトの変形」のみチェックします（❹）。また変形の基準を中央左に設定して（❺）「コピー：3」と入力（❻）したら「OK」ボタンでダイアログを閉じます。アートボードでは、鯉のぼりのイラストが縮小コピーが3つ垂直方向に並んでいる外観になります。「効果」として複製しているため、元のオブジェクト以外は選択することはできません 2・5 。

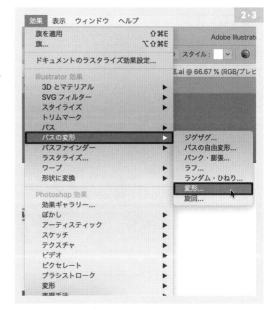

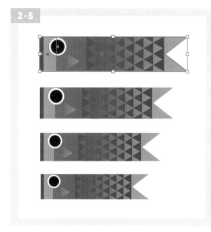

さらに［**効果**］メニュー→［**ワープ**］→［**旗...**］を実行します 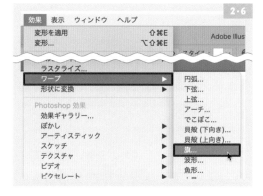 。

表示される［**ワープオプションダイアログ**］では「水平方向」のラジオボタンを選択して「カーブ：-25%」と設定します 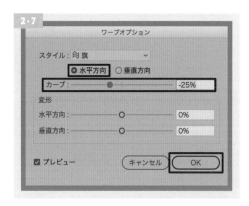 。

「OK」ボタンでダイアログを閉じると、鯉のぼりのイラストがコピーしているものも含めて風になびく旗のような外観に変わります  。

［**アピアランスパネ
ル**］を確認すると、
「ワープ：旗」「変形」
両方の「効果」が設
定されていることが
確認できます。項目
名をクリックすると
2・9 それぞれの
効果を設定するた
めのダイアログが表
示され 2・10 、何度
でも設定を編集する
ことができます。
「コピー：4」に変更
して、鯉のぼりのイ
ラストの複製が4つ
作成されるように調
整しました。

やさしいイラストレーター

完成！

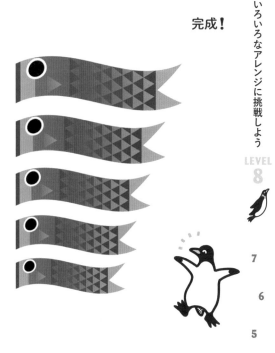

いろいろなアレンジに挑戦しよう

LEVEL
8

7

6

5

4

3

2

1

TIPS 効果で作成したオブジェクトをアレンジするには

「効果」として適用しているアレンジ
は、例えば「変形」効果でコピーし
ているオブジェクトの色を変えるな
ど通常のオブジェクトのように編集
することはできません。通常のオブ
ジェクトとして扱いたいときは、［オ
ブジェクト］メニュー→［アピアラン
スを分割］を適用します。「効果」で
表現している外観の通りに通常のオ
ブジェクトに変換されます。

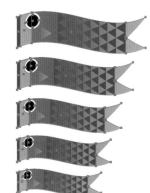

STEP 6

文字の周囲に囲み罫を追加しよう

このSTEPで使用する
主な機能

アピアランスパネル

形状に変換

形状オプションダイアログ

オブジェクトの
アウトライン

グラフィックスタイル
パネル

動画で確認

「形状に変換」効果を利用すると、文字の長さに合わせて自動的にサイズが調整される囲み罫を簡単に表現することができます。さらに「グラフィックスタイル」として登録することで、ワンタッチで別の文字要素にも同じ設定を適用することができるようになります。

完成図

やさしい Adobe Illustrator

Step1

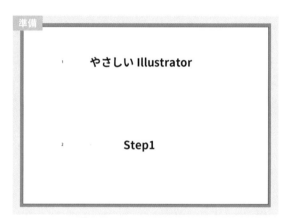

準備

sample/level8/STEP08-06.ai

事前準備

課題ファイル「STEP08-06.ai」を開きます。「やさしいIllustrator」と「Step1」の2つの文字要素が入力されたファイルが表示されます。文字要素はフォント「源ノ角ゴシック」が指定されています。Adobe Fontsで同フォントがアクティベートされていない場合は、アクティベートします。

1 角丸長方形の囲み罫を追加する

［選択ツール］で課題ファイル「1」の「やさしいIllustrator」をクリックして選択します 1·1 。

1·1

やさしい Illustrator

［**アピアランスパネル**］下部の「新規
塗りを追加」ボタンを2回クリックして
1・2 、「塗り」を2項目追加しておき
ます 1・3 。

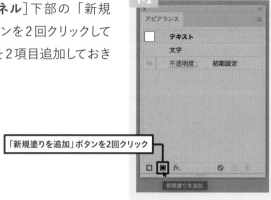

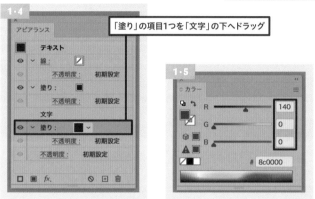

追加した「塗り」の1つを選択し、「文
字」より背面になるように下方へドラッ
グして項目の前後関係を入れ替えま
す 1・4 。
入れ替えて背面にした「塗り」項目は、
「R:140、G:0、B:0」と設定します。こ
の段階では、文字要素の外観に変化
はありません 1・5 。

[効果]メニュー→[形状に変換]→[角丸長方形...]
を実行します 1・6 。
表示される[**形状オプションダイアログ**]で、「形状：
角丸長方形」となっていることを確認したら、「オプ
ション」で「サイズ：値を追加」「幅に追加：30px」
「高さに追加：18px」とし、「角丸の半径：56px」
と設定して「OKボタン」でダイアログを閉じます
1・7 。文字要素の背面に、角丸長方形の囲み罫
が表示されます 1・8 。

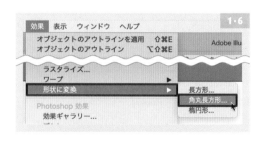

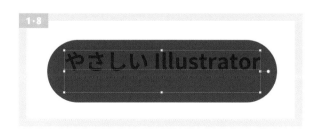

［**アピアランスパネル**］で、「文字」項目より前面にある「塗り」をクリックして選択します。カラー
サンプルの右側に表示される「▼」をクリックすると、前面に
［**スウォッチパネル**］が表示されます。白色のスウォッチをク
リックして選択し、「塗り」の色を変更します  。
文字要素の色が白に変わります  。

文字の背面に角丸長方形の囲み罫は作成できましたが、文字の下に余白ができてしまっています。
［**アピアランスパネル**］で「文字」項目をクリックして選択し  、［**効果**］メニュー→［**パス**］→［**オ
ブジェクトのアウトライン**］を実行して 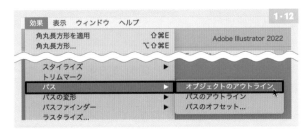 、文字のアウトライン化を「効果」として適用します。文
字要素の下の余白がなくなり、文字に合わせた角丸長方形の囲み罫になります  。

［**文字ツール**］で文字の入力内容
を変更しても、角丸長方形の囲み
罫は、文字に追随して長さが自動
的に調整されます  。

2 「グラフィックスタイル」として登録する

[**選択ツール**]で ⬜1 でアレンジした文字要素をクリックして選択し、[**グラフィックスタイルパネ ル**]上にドラッグ＆ドロップします ⬜2·1 。［**グラフィックスタイルパネル**］内に、 ⬜1 で設定した 角丸長方形の囲み罫などの設定がオリジナルのスタイル項目として登録されます ⬜2·2 。

💡 TIPS　スタイルを保持できる［グラフィックスタイルパネル］

オブジェクトに関する「塗り」「線」の情報や、適用している「効果」など［アピアランスパネル］で確認できる情報を一括して「スタイル」として保持しておけるのが［グラフィックスタイルパネル］です。複雑な手順が必要な設定も「スタイル」として保存しておけば、別のオブジェクトにもワンタッチで適用できるようになります。

3 円形の囲み罫を追加する

[**選択ツール**]で課題ファイル「2」の「Step1」の文字要素をクリックして選択します ⬜3·1 。［**グ ラフィックスタイルパネル**］で、 ⬜2 で登録したスタイル項目をクリックします ⬜3·2 。「Step1」 の文字要素が、 ⬜1 で設定した内容と同様の外観に変わります ⬜3·3 。

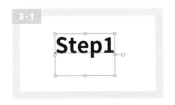
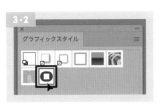
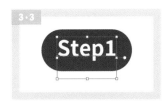

「Step1」の文字要素を選択した状態で[**アピアランスパネル**]を確認すると、 ⬜1 と同じ設定になっていることがわかります。下方にある「塗り」項目の「角丸長方形」効果の名前をクリックして、[**形状オプションダイアログ**]を開きます ⬜3·4 。

3・4

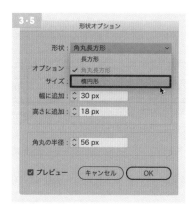

3・5

3・6

［**形状オプションダイアログ**］では、「形状」のプルダウンメニューを「楕円形」に変更します **3・5** 。

さらに「オプション」で「サイズ：値を指定」「幅：150px」「高さ加：150px」と設定してOKボタンでダイアログを閉じます **3・6** 。

3・7

文字要素の背面が、角丸長方形から円形の囲み罫に変わります **3・7** 。

TIPS 「値を指定」と「値を追加」を使い分ける

「形状に変換」効果では、［形状オプションダイアログ］のオプション項目で「値を指定」を選択すると、指定した仕上がりサイズで罫線が作成されます。文字数が多いなど指定した値よりも文字要素の面積が広い場合は、文字が形状より飛び出した外観になります。文字全体を完全に囲む罫線を作成したいときは、「値を追加」を選択した方がよいでしょう。

STEP **7**

20分

画像をトレースして
イラストのように
アレンジしよう

このSTEPで使用する
主な機能

画像トレース

画像トレースパネル

同じ位置にペースト

透明パネル

いろいろなアレンジに挑戦しよう

LEVEL **8**

7

6

5

4

3

2

1

動画で確認　写真画像などのビットマップイメージを自動的にトレースしてベクトルデータに変換できる機能が「画像トレース」です。写真画像をイラストや絵画のような手描きの雰囲気にアレンジすることができます。

完成図

準備

☐ sample/level8/STEP08-07.ai

事前準備

課題ファイル「STEP08-07.ai」を開きます。写真画像がアートボードに配置された状態のファイルが表示されます。

1 16色カラーでトレースする

[**選択ツール**]で画像オブジェクトをクリックして選択し、[**オブジェクト**]メニュー→[**画像トレース**]→[**作成**]を実行します **1･1** 。

279

写真画像がデフォルトプリセットの「デフォルト」設定でトレースされ、切り絵のような外観に変わります 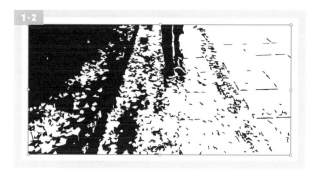 。

[**コントロールバー**]の「画像トレースパネル」ボタンをクリックして ▮1·3▮ 、[**画像トレースパネル**]を表示します。表示されたパネルで、「プリセット」のプルダウンメニューから「16色変換」を選択します ▮1·4▮ 。写真画像が16色のオブジェクトで色分けされた状態で自動的にトレースされます ▮1·5▮ 。

「画像トレースパネル」ボタン

2 モノクロの切り絵のようなタッチでトレースする

[**編集**]メニュー→[**コピー**]と[**編集**]メニュー→[**同じ位置にペースト**]を実行して ▮2·1▮ 、トレースした画像を同位置に重ね合わせます ▮2·2▮ 。

前面にペーストした画像を選択している状態で、[**画像トレースパネル**]の「プリセット」のプルダウンメニューから「スケッチアート」を選択します 。16色でトレースされていた画像が黒で表現された切り絵のような外観に変わります 2・4 。 1 でトレースしたイメージと重ね合わせることで陰影が強調され、イラストのような仕上がりになります。

🐧 **TIPS** 　結果を確認しながら設定を調整しよう

[画像トレースパネル] の「しきい値」などのスライドバーを操作することで、トレース結果が変化します。また同一の設定でも、素材となる画像の明るさや精細さによってもトレース結果が変わってきます。結果を確認しながら調整するとよいでしょう。

3 　トレースイメージを通常のオブジェクトに変換する

[**選択ツール**]で 2 でトレースした画像オブジェクトをクリックして選択します。

[**コントロールバー**]の「拡張」ボタンをクリックして、トレースした画像を通常のオブジェクトに拡張変換します 3・1 。
トレースしたイメージで黒で表示されていた部分が「塗り」に黒が設定されている図形として作成されます 3・2 。

拡張したオブジェクトが選択されている状態で、[**カラーパネル**]で「塗り：R:148、G:38、B:0」に変更します `3·3` 。拡張されたオブジェクトが濃い赤色に変わります `3·4` 。

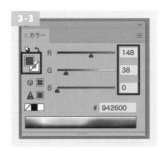

[**透明パネル**]で、「描画モード：ソフトライト」に変更します `3·5` 。拡張されたオブジェクトの塗りつぶしが、背面のトレースされたイメージのシャドウ部と重なり合って、より自然なイメージのイラストとして仕上がります `3·6` 。

完成！

LEVEL 8

TEST

40分

SNSのカバー イメージを作ろう

動画で確認

これまでのLEVELやSTEPで学習したアレンジ方法を活用して、完成図のようなイメージでSNSのカバー画像を作成します。

このSTEPで使用する主な機能

グラデーション

アピアランスパネル

ブレンド

画像トレースパネル

クリッピングマスク

シンボルスプレーツール

いろいろなアレンジに挑戦しよう

LEVEL
8

7

6

5

4

3

2

1

完成図

事前準備

課題ファイル「STEP08-TEST.ai」（sample/level8/STEP08-TEST.ai）を開きます。SNSのカバー画像サイズの長方形の下絵が緑の点線で描かれたファイルが表示されます。ファイルには、SNSページのタイトルロゴもグループ化された状態で含まれています。素材として「画像素材08-TEST.jpg」、「テキスト素材08-TEST.txt」も使用します。

制作のためのヒント

1　文字要素は、ファイル「テキスト素材08-TEST.txt」を使用します。

2 「テキスト素材08-TEST.txt」の文字は、「フォント：源ノ角ゴシック、フォントファミリー：Medium、フォントサイズ：20pt」、「塗り：R:255、G:255、B:255（白）、線：なし」と設定しています。また、「形状に変換→角丸長方形」と「オブジェクトのアウトライン」効果を使用して、文字の背面に角丸長方形の囲み罫を追加しています。囲み罫の色は、「R:52、G:103、B:137」です。

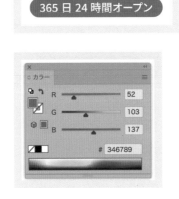

3 画像の前面に配置した草原のようなイラストは、シンボルライブラリ「自然」の「草4」を[**シンボルスプレーツール**]でランダムにちりばめたものです。[**シンボルリサイズツール**]でシンボルのサイズを調整しています。

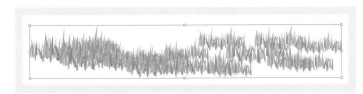

4 「MYNAVI GARDEN」のロゴは「塗り：R:255、G:255、B:255（白）、線：なし」と設定し、[**効果**]メニュー→[**スタイライズ**]→[**ドロップシャドウ**]を適用しています。[**ドロップシャドウダイアログ**]では、左図のように設定しています。

5 文字や絵柄の背面には、高さの異なる2つの横長の長方形を「ブレンド」したグラフィックを、「塗り：R:255、G:255、B:255（白）、線：なし」、「不透明度：25%」と設定してレイアウトしています。[**ブレンドオプションダイアログ**]では、「間隔：ステップ数：7」と設定しています。

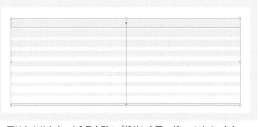

図はわかりやすいよう長方形の「塗り」を薄いグレーにしています。
実際は白色です。

6 バラの花のイメージは、「画像素材08-TEST.jpg」の画像に[**オブジェクト**]メニュー→[**画像トレース**]→[**作成**]を実行して作成しています。

7 「画像トレース」を適用した画像に「不透明マスク」を作成して、右から左へ徐々に透明になるように設定して背景のグラデーションに馴染ませています。「不透明マスク」に右から左へ白〜黒に変化するグラデーションを設定しています。

いろいろなアレンジに挑戦しよう

LEVEL
8

7

6

5

4

3

2

1

285

8 最後に、最前面に長方形を作成して、全体をトリミングする「クリッピングマスク」として使用します。下絵の点線に合わせて長方形を描いてクリッピングマスクの設定をした後で、垂直方向に色が変化するグラデーションで塗りつぶします。使用している色は、「R:151、G:240、B:255」と「R:0、G:150、B:157」です。

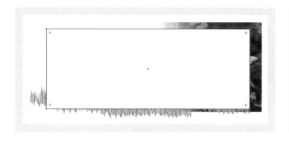

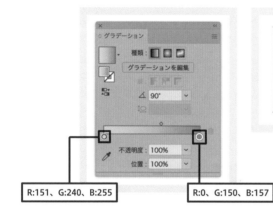

R:151、G:240、B:255

R:0、G:150、B:157

9 最終的なオブジェクトの前後関係は、図のようになります。最前面のグラデーションの長方形は、マスクオブジェクトとして使用しています。

LEVEL
9

映画のリーフレットを
作成しよう

いよいよリーフレットの制作です。ここでは印刷用
の納品データを作成します。印刷入稿用のデータ
の作成は、カラーモードや解像度など、Web用素
材の制作とは異なる設定が必要です。入稿手順や
レイアウトの注意点など、しっかりマスターしていき
ましょう。

LEVEL 9

STEP 1

10分

ドキュメントを準備しよう

動画で確認

リーフレットの制作〜印刷入稿までの作業の流れをマスターしましょう。 A4 サイズの映画のリーフレットを制作します。

このSTEPで使用する主な機能

新規ドキュメントダイアログ

環境設定ダイアログ

カラーパネル

リーフレットの完成図

準備

広報用に使用するメインビジュアル画像やロゴなどのデータは素材として準備してあります（📁 sample/level9/）。これらを使用して Illustrator 上でレイアウトします。

1 印刷用のドキュメントを作成する

[**ファイル**]メニュー→[**新規...**]を実行します。表示される[**新規ドキュメントダイアログ**]の上部で「印刷」を選択し、「空のドキュメントプリセット」から「A4」を選択します。ダイアログ右側のエリアに作成されるプリセットの設定が表示されたら、ドキュメント名を「映画リーフレット」として「作成」ボタンをクリックします **1・1** **1・2** 。

1・2 A4サイズのアートボードが設定された新規ドキュメントが作成された

印刷用のドキュメントプリセットでは、アートボードの周囲から3mmの位置に赤いガイドラインが表示されます。これはアートボードの輪郭ぎりぎりまで背景色や画像を配置する「裁ち落とし」のレイアウトをする際に必要なラインです。断裁が多少ずれても問題ないように、このガイドラインに合わせて要素を配置します。

2 印刷用に環境を設定する

印刷物制作に合わせた環境設定を行います。[**Illustrator**](Win:[**編集**])メニュー→[**環境設定**]→[**単位...**]を実行して[**環境設定ダイアログ**]を「単位」項目で表示し、それぞれの項目を設定します。
この作例では「一般：ミリメートル、線：ミリメートル、文字：ポイント、東アジア言語のオプション：ポイント」としています **2・1** 。

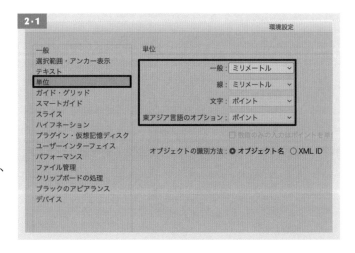

 **TIPS** 文字の単位

印刷物の扱いに慣れている場合は、「文字：級、東アジア言語のオプション：歯」としても
よいでしょう。1級＝0.25mmとなります。Microsoft Excelなどパソコンアプリケーションで
の文字サイズ指定に慣れている場合は、ポイントを利用した方が文字サイズが直感的にわ
かりやすくなります。

印刷用のドキュメントプリセットで作成したドキュメントは、自動的
にカラーモードが「CMYKカラー」に設定されています。カラー指
定も同モードで行えるように、[**カラーパネル**]も「CMYK」に設
定しておきます 2·2 。

 TIPS 専用テンプレートがあるか確認しよう

印刷所によっては専用のテンプレートデータが用意されている場合もあります。依頼する印
刷所が決まっている場合は、あらかじめテンプレートの有無など印刷条件を確認しておきま
しょう。またこの作例ではアートボードを仕上がりサイズに設定しており、トンボ（トリムマー
ク）と呼ばれる断裁のための境界マークは作成していません。PDF形式での保存時に自動
的に挿入されます（301ページを参照）。

ドキュメント内にトンボを
作成して入稿する場合は、
アートボードを仕上がり
サイズより大きく設定し、
仕上がりサイズの長方形
を作成・選択して[オブジ
ェクト]メニュー→[トリ
ムマークを作成]を実行
します。選択していた長
方形を仕上がりサイズと
してトンボが作成されます。

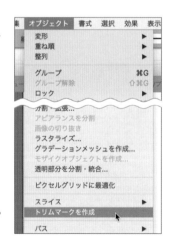

LEVEL 9

STEP 2

10分

イメージ素材を
読み込もう

動画で確認

最初に必要な素材をドキュメント内に読み込みます。**画像
ファイルは「配置」し、ロゴデータなどはドキュメントからコ
ピー&ペーストで読み込んでおきます。**

このSTEPでの完成図

---

1 画像素材を配置する

[**ファイル**]メニュー→[**配置...**]を実行します。表示されるダイアログで、「画像素材09.psd」ファイ
ルを選択し、「配置」ボタンで配置します **1·1** 。ドキュメントウィンドウ内でカーソルが読み込み
位置を指定するためのアイコンに変わったら、任意の位置でクリックします **1·2** 。クリックした位
置を画像の左上端として、映画のメインビジュアルイメージが配置されます **1·3** 。

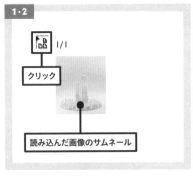

クリック位置は大まかでOK

TIPS 画像のリンクと埋め込み

画像を配置するときのダイアログのオプション項目で「リンク」をチェックしておくと、画像が
ドキュメントとは別途に「リンク」された状態で配置されます。この作例ではチェックを外し
て、ドキュメント内に「埋め込み」をした状態で配置しています。「リンク」「埋め込み」どち
らにするかは、印刷所の受け入れ体制により異なります。あらかじめ印刷所に確認しておく
とよいでしょう。

2 オブジェクト素材をコピー&ペーストする

[ファイル]メニュー→[開く...] 2・1 を実行して、「ロゴマーク素
材09.ai」ファイルを開きます 2・2 。

映画と映画館のロゴがレイアウトされたデータが表示されます `2・3` 。それぞれグループ化されていますから、全体を選択してコピーし、「映画パンフレット」ドキュメントに戻ってペーストします `2・4` 。これで必要なイメージ素材がドキュメント内に揃いました。

 TIPS　レイアウトに合わせたサイズで画像を用意する

この作例で用意した画像のサイズは最終的なレイアウトに合わせた状態になっているため、Illustrator 上でのサイズの変更は必要ない状態です。配置した画像を極端に拡大・縮小するなど大きな変形を加えると、稀に印刷時にエラーが出てしまうことがあります。印刷を前提としたデータを制作する際は、Illustrator 上での配置画像の変形はできるだけ避けたほうが無難です。

LEVEL 9

STEP 3

(20分)

全体を
レイアウトしよう

このSTEPで使用する
主な機能

長方形ツール

角丸長方形ツール

動画で確認

読み込んだ画像やロゴの位置を調整して、大まかに全体の
レイアウトを行います。アートボードの外側のガイドラインに
合わせて画像や背景になる長方形を配置します。

このSTEPでの完成図

---

1 メインビジュアルと下部エリアをレイアウトする

メインビジュアルをエリアの上部に置き、下部に長方形を作成して「塗り：C63%、M61%、線：な
し」と設定します `1・1` 。長方形は、「幅：216mm、高さ：42mm」とします。

メインビジュアルエリアは、左・上・右端が
裁ち落としのためのガイド欄に沿った長方
形でクリッピングマスクを設定し、バウン
ディングボックスを操作して画像の位置を微
調整しておきます **1・2** 。

 TIPS 印刷用の素材は解像度をしっかりチェック

配置している画像の解像度が低いと、印刷時にぼやけてし
まうなど綺麗な仕上がりになりません。解像度とは、どれ
だけ細かなドットで画像が構成されているかを示す数値で、
商業的な印刷に適した解像度は350ppi以上です。この単
位の「ppi」は「ピクセル・パー・インチ」の略で、つまり
1インチ中にどれだけのピクセルがあるかということを示し
ています。
[リンクパネル] では、ドキュメント内に配置されている画像
の解像度を確認することができます。パネル内に表示され
た画像名をクリックすると、ドキュメント内での画像の情報
が表示されます。「PPI」の数値が350未満になっていない
か確認しておきましょう。

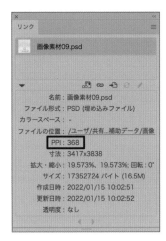

8
7
6
5
4
3
2
1

2 シアターロゴをレイアウトする

角丸長方形を「幅：57mm 高さ：26mm 角丸の半径：1.2mm」で作成

下部のエリア内に角丸長方形を作成し、「塗り：白、線：な
し」と設定します。角丸長方形の中央部にシアターロゴが収
まるようにサイズや前後関係を調整します **2・1** 。

STEP **4**

40分

文字周りを設定しよう

このSTEPで使用する
主な機能

長方形ツール

グラデーションパネル

文字ツール

文字パネル

タブパネル

アピアランスパネル

動画で確認

必要な文字要素をレイアウトしましょう。素材ファイル中から
テキストをコピー&ペーストしてIllustratorドキュメント上で
設定します。

このSTEPでの完成図

1　キャッチコピーをレイアウトする

文字の可読性を上げるために、メインビジュアルの右側3分
の1程度の領域が重なるように長方形を作成し **1・1** 、不
透明度が10%～40%に垂直方向に変化する白色のグラ
デーションで塗りつぶします **1・2**　**1・3** 。

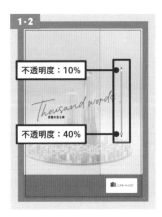

不透明度：10%

不透明度：40%

TIPS　「3分の1」の長方形ってどう指定するの？

ここでは、おおまかに3分の1の長方形を作成すればよいで
すが、きっちり3分の1の横幅を作成する場合には、基準に
なる長方形と同サイズの長方形を作成し、［変形パネル］の
「W」の値に「210/3」など「○○/3」と入力するときっち
り3分の1で作成できます。右側に位置を揃えたいときは、変
形の基準点を右上に指定して入力値を変更します。
この作例では長方形の右側に裁ち落としを考慮したエリアが
あるため、きっちり3分の1にはなっていません。

キャッチコピーを縦組みでレイアウトします。素材ファイル中からテキストをコピー＆ペーストして
1・4　**1・5**　、［**文字パネル**］で「フォント：FOT-クレー Pro、フォントスタイル：M、フォントサイ
ズ：18pt、行送り：40pt」と設定しています　**1・6**　。

2　ボディコピーをレイアウトする

素材ファイルでボディコピーのテキストをコピーし　**2・1**　、ド
キュメントウィンドウ中を［**文字ツール**］でドラッグしてテキス
トエリアを作成してペーストします　**2・2**　。

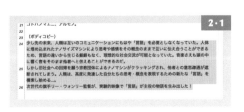

[**文字パネル**]で「フォント：FOT-
セザンヌ ProN M、フォントサイ
ズ：10pt、行送り：18pt、文字
間のカーニング：メトリクス」と設
定します **2·3** 。また[**段落パネ
ル**]で「1行目左インデント：8pt」
として、段落の1文字目がいわゆ
る「頭落とし」の状態になるよう
に設定しました **2·4** 。

3 タイムテーブルをレイアウトする

素材ファイルから「監督名」「映画タイトル」「タイムテーブル」をコピーして下部エリアにペーストし
ます。文字色はすべて「塗り：白」とします。

監督名は「フォント：FOT-セザンヌ ProN M、フォントサイズ：10pt、文字間のカーニング：メト
リクス」、映画名は「フォント：FOT-セザンヌ ProN M、フォントサイズ：16pt、文字間のカーニン
グ：メトリクス」で日本語の部分のみ「フォントサイズ：10pt」と設定します。タイムテーブルは、
「フォント：FOT-セザンヌ ProN M、フォントサイズ：10pt、行送り：16pt、文字間のカーニング：
メトリクス」とします。

文字要素をグループ化。
グループと罫線を「垂直方向
中央に配置」した

タイムテーブルの時間の表示は、[**タブパネル**]で間隔を調整します。テキストブロックを選択し、
[**ウィンドウ**]メニュー→[**書式**]→[**タブ**]を選択して[**タブパネル**]を実行すると、選択しているテキ
ストブロックのすぐ上に[**タブパネル**]が表示
されます。上映開始時間の数値位置に合
わせて「左揃えタブ」をクリックして挿入する
と、時間の数値が行ごとに揃ったレイアウト
になります。タブの位置を左から「28mm」
「46mm」「64mm」と等間隔に設定します。

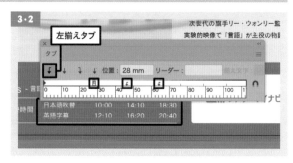

TIPS 印刷時の罫線は0.2mmが最小値

タイムテーブルを区切る白い罫線は、「線幅：0.2mm」と設定しています。画面上では少し太めの罫線に表示されますが、印刷時には細罫として表示される最低限の太さです。
0.2mm未満の線幅に設定すると、画面上では表示されても、実際の印刷時には部分的にかすれてしまったり表示されない状態になってしまうことがあります。

4 アクセントコピーなどをレイアウトする

円形の罫線内に入った「アクセントコピー」を「形状に変換」効果でレイアウトします。

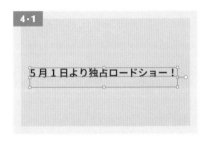

素材ファイルからテキストをコピー＆ペーストして、[**文字パネル**]で「フォント：源ノ角ゴシック、フォントスタイル：Medium、フォントサイズ：11pt、行送り：30pt」と設定します **4・1** **4・2**。
文字色は「M70%、Y100%」とします。

次に円形の罫線を設定します。[**アピアランスパネル**]で「塗り」と「線」を新規で追加して右図のように設定したら、「文字」の上の「線」に[**形状に変換**]→[**楕円形**]の効果を適用します **4・3**。
[**形状オプションダイアログ**]では「オプション：サイズに値を指定、幅:40mm、高さ:40mm」と設定します **4・4**。

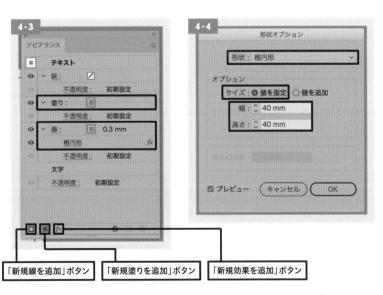

「新規線を追加」ボタン 「新規塗りを追加」ボタン 「新規効果を追加」ボタン

上映開始日を強調するため、「5」と「1」の数字だけフォントサイズを「24pt」に変更します
。文字の下辺の位置が揃うようにテキストブロック全体を選択し、[**文字パネル**]のメニューから
「文字揃え」 → [平均字面の下 / 左]を選択します 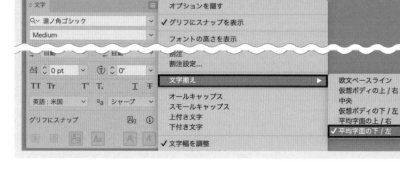 。

文字ブロックのバウンディングボックスをドラッグして回転し、位置を整え
ます  。

テキストから「みなとみらい駅直結プレミアムシアター」
をフォントサイズ8ptで追加します。シアターインフォ
メーションの「年間メンバー募集中」のテキストも、「形
状に変換」効果でレイアウトします  。「形状：長
方形」として背面の角丸長方形と同幅にサイズを設定す
れば、帯も角丸長方形と同サイズになります
 。

LEVEL **9**

STEP **5**

(10分)

印刷入稿用に
データを保存しよう

動画で確認

このSTEPで使用する
主な機能

複製を保存

Adobe PDFを保存
ダイアログ

レイアウトが完了したら、印刷入稿用にデータを保存します。
PDF形式で入稿するときの手順をマスターしましょう。

完成図

---

1 PDF形式で保存する

[**ファイル**]メニュー→[**複製を保存...**]を実行します **1·1** 。表示される[**複製を保存ダイアログ**]
で、保存するディレクトリやファイル名を指定し、「ファイル形式：Adobe PDF(pdf)」を選択して「保
存」ボタンをクリックします **1·2** 。

 TIPS　PDF形式で保存するときは「複製を保存」が便利

　　　[複製を保存...] を使用してデータを保存することで、ai形式のファイルを開いた状態で印
　　　刷用のデータを別途保存することができます。保存後に修正が発生した際に、aiデータに
　　　戻る手間を省略できます。

続いて表示される[**Adobe PDFを保存ダイアログ**]で、プリセットから形式を選択します 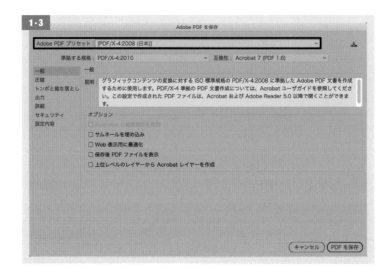 。
入稿予定の印刷所が受け付けている形式を選択する必要があるため、事前に形式を確認しておき
ます。この作例では一般的なプリセット「[PDF/X-4:2008(日本)]を選択します。

ダイアログ左側で「トンボと裁ち落とし」をクリックして、ダイアログの内容を切り替えます [1・4]。
「トンボ」項目の「すべてのトンボとページ情報をプリント」オプションをチェックし、「裁ち落とし」項目で「天」「地」「左」「右」すべてを「3mm」と設定して「PDFを保存」ボタンをクリックします。

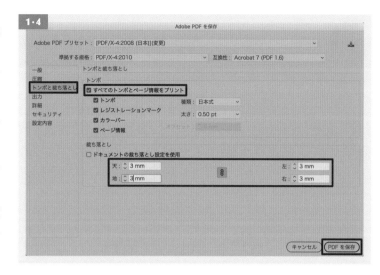

続いてIllustratorの編集機能に関するアラートが表示されたら「OK」ボタンをクリックすると [1・5]、ファイルが書き出されます。Adobe Acrobatで開くと、トンボやカラーバーが表示された状態のPDFファイルを確認することができます。

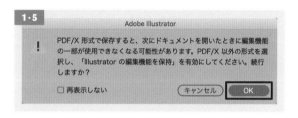

TIPS ai形式での入稿時にはフォントのアウトライン化を忘れずに!

Adobe Illustrator形式のままで印刷所に入稿したい場合は、［ファイル］メニュー→［パッケージ…］が便利です。ドキュメント内で使用されているフォントやリンク配置されている画像などを1つのフォルダ内にまとめて保存することが可能です。

ただし、フォントの種類によってはライセンス制限でフォントの複製ができない場合があります。その際は、あらかじめドキュメント内で使用しているテキストブロックをアウトライン化して入稿します。文字のアウトライン化は、［選択］メニュー →［すべてを選択］でドキュメント内のすべてのオブジェクトを選択した後、［書式］メニュー→［アウトラインを作成］を実行します。選択していたオブジェクト中の文字要素が、すべてアウトライン化され、文字の輪郭が通常のオブジェクトと同様のパスに変わります。

アウトライン化した文字は、［自由変形ツール］で変形することが可能です。また文字をアウトライン化することで、ファイルをほかのPC環境で閲覧した際に同じフォントがインストールされていない場合でもレイアウトが崩れることなく表示できるという利点もあります。ただし、［文字ツール］などで再度入力内容を編集することはできなくなるため注意が必要です。

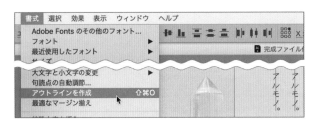 

 TIPS ［ドキュメント情報パネル］で詳細を確認

作成したデータがどのような構成になっているかは、［ドキュメント情報パネル］で確認できます。特にai形式での印刷入稿時には、アウトライン化していない文字が残っていないかなど事前に確認しておくとよいでしょう。パネルメニューの「オブジェクト」を選択して表示を切り替えると、使用されているフォントの有無なども確認することができます。

［ドキュメント情報パネル］初期表示。ドキュメントのカラーモードやアートボードのサイズなどが確認できる

文字がすべてアウトライン化されている場合は、「フォント：0」と表示される

LEVEL 10

映画の上映告知バナーを
作成しよう

いよいよLEVEL 10まできました。これまでさまざまな課題を作ってきたことで、「作りたいもの」と「使うべき機能」がだんだんわかるようになってきたのではないでしょうか。ここでは最後にWebバナーを作ります。Web用のデータの作り方など、しっかり確認しながら制作していきましょう。

LEVEL 10

STEP 1

このSTEPで使用する
主な機能

新規ドキュメント
ダイアログ

環境設定ダイアログ

カラーパネル

ドキュメントを準備しよう

動画で確認

バナーの制作～データ書き出しまでの作業の流れをマスターしましょう。複数のサイズの映画上映告知バナーを制作します。広報用のメインビジュアル画像やロゴなどのデータは素材として準備してあります。これらを使用して、Illustrator上でレイアウトします。

バナーの完成図

準備

メインビジュアル画像やロゴなどのデータは素材として準備してあります（📁sample/level10/）。これらを使用してIllustrator上でレイアウトします。

1 Webコンテンツ用のドキュメントを作成する

[**ファイル**]メニュー→[**新規...**]を実行します 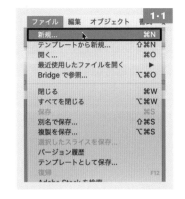 **1·1** 。表示される
[**新規ドキュメントダイアログ**]の上部で「Web」を選択します。プ
リセットは初期設定のまま、ダイアログ右側のエリアの「プリセット
の詳細」で、ドキュメント名を「映画バナー」とします。さらに「幅」
「高さ」をともに「300px」と入力して「作成」ボタンをクリックし
ます **1·2** 。幅300px、高さ300pxサイズのアートボードが設定さ
れた新規ドキュメントが作成されます **1·3** 。

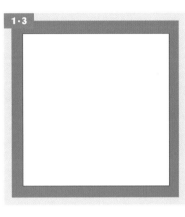

2 Webコンテンツ用に環境を設定する

Webコンテンツ制作に適した環境になるよう
設定します。[**Illustrator**](Win：[**編集**])メ
ニュー→[**環境設定**]→[**一般...**]を実行して
[**環境設定ダイアログ**]を「一般」項目で表示
し、「キー入力：1px」と設定します **2·1** 。矢
印キーでの操作でオブジェクトを移動する場
合などに1px単位で変更を適用することがで
きます。

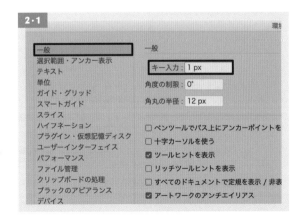

[**新規ドキュメントダイアログ**]で「Web」から項目を選択すると、[**環境設定ダイアログ**]の「単
位」項目では、自動的に「一般：ピクセル」となります。

［**表示**］メニュー→［**定規**］→［**アートボード
定規に変更**］を選択して 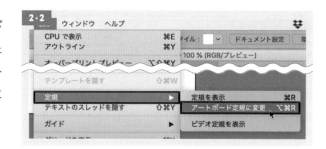 、オブジェ
クトの位置を数値で制御する際に、アート
ボードの始点と定規の始点が揃うように
指定します。

TIPS

［表示］メニュー→［定規］→［ウィンドウ定規に変更］と表示されているときは、既にアートボード定規に
設定されています。

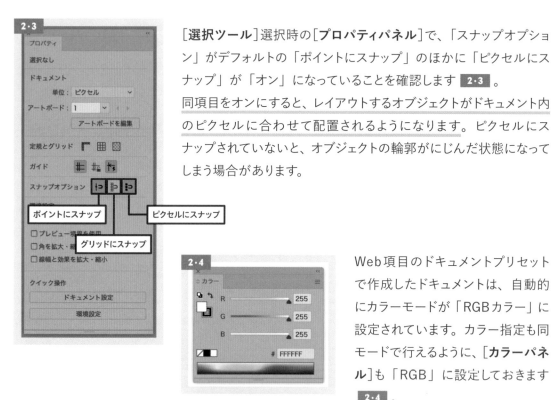

［**選択ツール**］選択時の［**プロパティパネル**］で、「スナップオプショ
ン」がデフォルトの「ポイントにスナップ」のほかに「ピクセルにス
ナップ」が「オン」になっていることを確認します 2・3 。
同項目をオンにすると、レイアウトするオブジェクトがドキュメント内
のピクセルに合わせて配置されるようになります。ピクセルにス
ナップされていないと、オブジェクトの輪郭がにじんだ状態になって
しまう場合があります。

Web項目のドキュメントプリセット
で作成したドキュメントは、自動的
にカラーモードが「RGBカラー」に
設定されています。カラー指定も同
モードで行えるように、［**カラーパネ
ル**］も「RGB」に設定しておきます
2・4 。

LEVEL 10

STEP 2

40分

イメージ素材を 読み込んで レイアウトしよう

動画で確認

必要な素材をドキュメント内に読み込み、全体をレイアウト しましょう。最後にエリアの境界となる長方形を作成して、 最前面にレイアウトします。

このSTEPでの完成図

1 画像素材を配置する

[**ファイル**]メニュー→[**配置...**]を実行します **1・1** 。表示されるダイアログで、「画像素材 10.psd」ファイルを選択し、「配置」ボタンをクリックします **1・2** 。

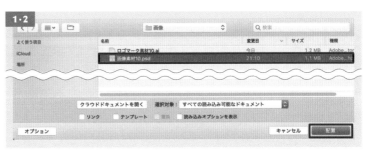

ドキュメントウィンドウ内
でカーソルが読み込み位
置を指定するためのアイ
コンに変わったら、任意
の位置でクリックします
1・3 。

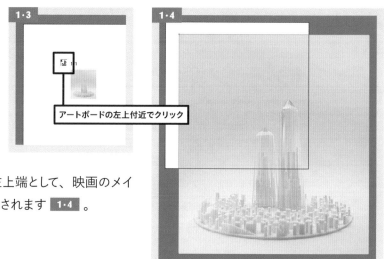

アートボードの左上付近でクリック

クリックした位置を画像の左上端として、映画のメイ
ンビジュアルイメージが配置されます 1・4 。

［ファイル］メニュー→［開く...］から「ロゴマーク素材
10.ai」ファイルを開き、映画と映画館のロゴのデー
タ全体を選択してコピーし、「映画バナー」ドキュメン
トに戻ってペーストします 1・5 。

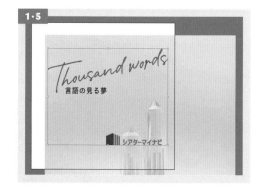

2　全体をレイアウトする

LEVEL 9のリーフレット制作時と同様に「テキスト素
材10.txt」 2・1 から必要なテキストをコピーし、アー
トボード内にペーストして文字に関する設定を行い、
全体をレイアウトします。

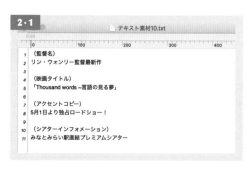

メインビジュアル画像はアートボードサイズに合わせて縮小します。変更後のサイズや位置を正確
に指定して適用したいときは、［プロパティパネル］を利用します。「変形」で変形の基準をオブジェ
クトの左上に指定し「X:0、Y:0」と設定することで、オブジェクトがアートボードの左上端に揃いま
す 2・2 　 2・3 。「W:300」と入力して「縦横比を保持」ボタンをクリックすると、自動的に比率を
保持した状態で「H」に数値が自動入力されます。
画像の下には映画館の名称とロゴをレイアウトするエリアを高さ30〜40px程度で設けます。画像

はクリッピングマスクでトリミングして、下に高さ30～40px程度の空白のエリアを残しておきます。
ここではマスクとして利用している長方形のサイズは、「幅：300px、高さ：266px」としています。また、映画と映画館のロゴもサイズを調整してレイアウトします。

TIPS 幅や高さが小数点以下の値になってしまったら？

「縦横比を保持」ボタンで幅、または高さの数値を自動入力すると、稀に小数点以下の値をもつ数字に設定される場合があります。この際は、「縦横比を保持」ボタンを再度クリックして保持のロックを外し、小数点以下の数値を削除しておきます。

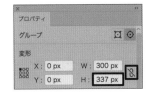

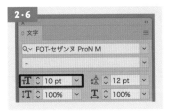

文字を設定するときは、フォントサイズの数値に小数点以下が表示されないように注意します。

テキストブロックのバウンディングボックスでリサイズするとフォントサイズに小数点以下が指定された半端な数値になってしまうため、[文字パネル]で整数で変更します **2・5** **2・6**。
「アクセントコピー」の円形内への文字のレイアウトに関しては、LEVEL 9のリーフレット制作STEP 4を参照してください。

3 輪郭線を追加する

最前面にアートボードと同一サイズ「幅：300px、高さ：300px」の正方形を作成し、「塗り：なし、線の色：R:100、G:100、B:100、線幅：1pt」と設定します **3·1** **3·2**。[**線パネル**]で「線の位置」を「線を内側に揃える」と指定して、[**プロパティパネル**]で位置を「X:0、Y:0」とします **3·3**。中間色グレーの輪郭線がバナーに作成されます **3·4**。

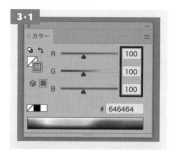

 TIPS 輪郭線はバナーエリアを判別するために必要

多くの場合、バナー画像はどのような背景色が設定されているWebページに掲載されるか事前に確認することは困難です。背景色に影響されずにバナーエリアが判別できるように、輪郭線を追加しておきます。

LEVEL 10

STEP 3

（20分）

サイズを変えた
バリエーションを作成しよう

動画で確認

レイアウトしたデータをもとに、別のサイズのバナーへ展開します。アートボードを複製してサイズを調整し、全体のバランスを整えます。

このSTEPでの完成図

1 アートボードを複製する

［**アートボードツール**］を選択します。現在のアートボードの輪郭が点線に変わり、サイズを変更するためのハンドルが表示されます **1・1** 。

［**コントロールバー**］で「オブジェクトと一緒に移動またはコピー」ボタンを「オン」にして 1・2 、option(Win：Alt)キーを押しながらアートボードを右方向へドラッグして 1・3 コピーを作成します。ドラッグを終えると、元のアートボードと同サイズでレイアウトされているオブジェクトごとアートボードが複製されます 1・4 。

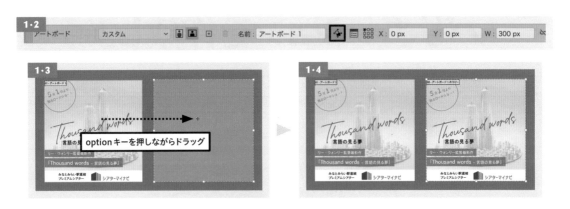

2 アートボードサイズを変更してレイアウトを調整する

複製したアートボードが選択されている状態で、［**プロパティパネル**］の「変形」で「縦横比を維持」オプションを「オフ」にしてから「H:250px」と入力します 2・1 。アートボードの高さだけが変更されます 2・2 。

変更したアートボードの高さに合わせて、バナーの要素の位置やサイズを変更してレイアウトを調整します 2・3 。

LEVEL 10

STEP 4

10分

アートボードを書き出そう

動画で確認

2サイズのバナーをそれぞれWebページに掲載できる形式で書き出します。
書き出す形式は、データに合わせて選択します。

完成図

300x300-80.jpg

300x250-80.jpg

---

1 形式を選択して書き出す

バナーのデザインが完了したら、それぞれのアートボードごとにデータを書き出します。Webページで掲載できる画像形式の中で、バナーとしての利用が多い形式は「PNG」「GIF」「JPEG」の3種類です。この作例のように写真画像を主に使用しているデザインには「JPEG」形式が適しています。バナー画像はJPEG形式で書き出します。

[**ファイル**]メニュー→[**書き出し**]→[**スクリーン用に書き出し...**]を実行します **1·1** 。
続いて表示される[**スクリーン用に書き出しダイアログ**] **1·2** ではアートボードのプレビュー画像の下を、それぞれ「300×300」「300×250」とサイズがわかる名称に変更します。この名称が書き出される画像のファイル名に使用されます。右側のエリアでは「選択」で「すべて」を選び、「書き出し先」で保存したいディレクトリを指定します。また「フォーマット」でプルダウンから「JPG 80」を選択して、「アートボードを書き出し」ボタンで画像を書き出しましょう。

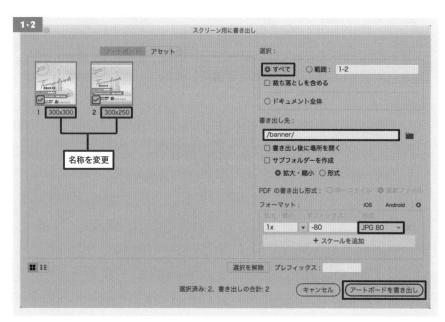

名称を変更

完成！

印刷とWebデータが
作れるように
なった！

TIPS　書き出し形式について

「フォーマット」のプルダウンのJPEG形式で書き出すための項目は、「JPG 20」「JPG 50」「JPG 80」「JPG 100」の4種類があります。これらの数値は圧縮の品質を示していて、数値が高いほど品質が高くデータ容量は大きくなります。「JPG 20」では、もっともデータが軽量になりますが品質が低くなります。絵柄などに合わせてより軽量で品質が高い画像に書き出せるように、試行して設定するとよいでしょう。

PNG形式では「PNG」と「PNG 8」の2種類から選択できます。「PNG」はフルカラーパレットと256段階の不透明度の設定が可能ですが、データ容量が大きくなります。「PNG 8」は最大256色までと限定されますが、データ容量は小さくなります。

TIPS　パーツごとに書き出したいときは？

この作例ではアートボード単位で画像を書き出しましたが、特定のパーツオブジェクトごとに書き出したいときには［アセットの書き出しパネル］を利用します。

書き出したいオブジェクト（複数のオブジェクトを1つの画像として書き出したいときは、グループ化します）を［アセットの書き出しパネル］上にドラッグ＆ドロップして、アセットとして登録します。パレット下部の「書き出し設定」エリアで書き出したい画像形式などを設定して「書き出し」ボタンで書き出します。

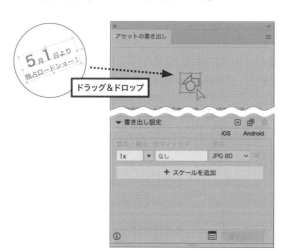

ドラッグ＆ドロップ

索引

STAFF

ブックデザイン：岩本 美奈子
カバー・本文イラスト：docco
DTP：AP_Planning
編集担当：古田 由香里

AUTHOR

瀧上 園枝 たきがみ そのえ

グラフィックデザイナー。有限会社シアン代表取締役。印刷物やPC / スマートフォン等各端末向けウェブサイトなどグラフィックデザインワーク全般を担当。
主な著書に『WebデザインのためのPhotoshop+Illustratorテクニック』(エクスナレッジ)、『やさしいデザインの教科書 [改訂版]』(エムディエヌコーポレーション)、『Illustratorデザインの教科書』『プロがこっそり教えるIllustrator極上テクニック』(以上、マイナビ出版) など。
https://www.cyan.co.jp/

すいすいIllustratorレッスン
イラストレーター
1日少しずつはじめてプロの技術を身に付ける!

2022年5月24日　初版第1刷発行

著者　瀧上 園枝
発行者　滝口 直樹
発行所　株式会社マイナビ出版
〒101-0003　東京都千代田区一ツ橋2-6-3　一ツ橋ビル 2F
TEL：0480-38-6872(注文専用ダイヤル)
TEL：03-3556-2731(販売)
TEL：03-3556-2736(編集)
編集問い合わせ先：pc-books@mynavi.jp
URL：https://book.mynavi.jp
印刷・製本　シナノ印刷株式会社